国家重点研发计划(政府间)专项(NO. 2019YFE0125000)资助

欧亚气候快速和极端变化对北极海冰的响应及反馈机制研究

OUYA QIHOU KUAISU HE JIDUAN BIANHUA DUI
BEIJI HAIBING DE XIANGYING JI FANKUI JIZHI YANJIU

宫 勋 等编著

图书在版编目(CIP)数据

欧亚气候快速和极端变化对北极海冰的响应及反馈机制研究/宫勋等编著.—武汉:中国地质大学出版社,2024.12.—ISBN 978-7-5625-6133-0

Ⅰ.P941.62

中国国家版本馆 CIP 数据核字第 2025CZ8439 号

欧亚气候快速和极端变化对北极海冰的响应及反馈机制研究		宫　勋　等编著
责任编辑:韦有福	选题策划:韦有福	责任校对:张咏梅

出版发行:中国地质大学出版社(武汉市洪山区鲁磨路388号)	邮编:430074
电　　话:(027)67883511　　　传　　真:(027)67883580	E-mail:cbb@cug.edu.cn
经　　销:全国新华书店	https://cugp.cug.edu.cn
开本:787mm×1092mm　1/16	字数:200千字　　印张:7.5
版次:2024年12月第1版	印次:2024年12月第1次印刷
印刷:湖北睿智印务有限公司	
ISBN 978-7-5625-6133-0	定价:88.00元

如有印装质量问题请与印刷厂联系调换

第1篇

未来极端气候预测研究

由于气候变化加剧，全球极端天气气候事件呈增多趋势。世界气象组织规定，当某个(些)气候要素达到25年一遇时称之为极端气候，包括干旱、洪涝、高温热浪、低温冷害与复合极端事件等。极端天气气候事件在全球范围内造成了巨大损失，国际社会已日益认识到极端气候的危害，极端天气气候事件的变化已被"世界气候研究计划"(World Meteorological Organization，WCRP)列为七大重大科学挑战之一。气候预测作为防患于未然的重要科技手段，有着广泛的社会需求，同时其发展也面临着巨大的挑战，是世界性的科学难题。

　　我国地处世界最大的大陆——亚欧大陆，面朝世界最大的大洋——太平洋，海陆热力差异明显，是典型的季风气候国家。气候影响因子众多且相互作用，机理复杂。据统计，我国平均每年由极端天气气候事件造成的直接经济损失达3000亿元左右。随着全球气候进一步变暖，气候变化带来的长期不利影响和突发极端事件，对我国经济社会发展和人民生产生活安全造成的威胁日益严重，各行各业对气候趋势预测的需求非常迫切。我国积极参与对未来极端气候的预测研究，预测气候系统模式不断完善，气候预测准确率明显提升，取得了明显的进展，但也存在需要解决的不足。

　　本书基于全球变暖背景下极端气候增多趋势，对一系列目前应用于未来极端气候预测的模型做出了整理研究，并结合我国研发的气候趋势预测模型分析研究进展、展望未来发展趋势，在此做出如下综述。

害风险挑战更加复杂严峻。因此,合理分析极端气候影响因素具有重要意义。极端气候事件的增多是多种因素共同作用的结果,既有自然因素,也有人为因素。

1.2.1 自然因素

1. 气候变化(全球变暖)

由于全球平均温度上升,极端高温变得更加频繁和强烈,且在全球变暖的背景下,大气温度升高,使其能够容纳更多的水汽并进一步加剧全球变暖。同时,水汽也是降水的来源,当水汽增多时,降水量也会增加。因此,自20世纪50年代以来,强降雨事件的频率和强度已经增加(鲍名,2007),预计这种情况将会继续下去。同时气温和极端降水是造成干旱和洪涝灾害的重要原因。韩兰英等(2014)指出20世纪80年代中期以来,中国西南地区温度升高是造成该区干旱损失和风险加剧的主要影响因素(图1-1-4、图1-1-5);Li等(2016)对非洲55个国家的洪涝灾害影响因素进行分析,指出洪涝灾害的季节性变化与降水密切相关;陈莹等(2011)研究认为降水强度增加和极端降水事件增多是引起中国东部地区20世纪80—90年代洪涝灾害增加的重要原因。

年份	综合损失率/%	降水/mm	温度/℃	土壤湿度/%	植被指数	粮食单产/(kg·亩⁻¹)	重灾中心
1960	8.1	—	—	—	—	144.1	四川
1961	11.8	1 109.1	14.3	—	—	142.6	四川
1978	7.6	1 012.3	14.1	—	—	178.8	四川
1979	9.3	1 014.1	14.3	—	—	166.6	贵州
1985	8.4	1 056.8	13.9	78.5	0.46	199.5	贵州
1990	7.5	1 062.4	14.3	78.4	0.46	200.4	贵州
1992	8.9	943.6	13.7	77.6	0.46	223.9	贵州
2001	10.2	1 082.1	14.6	76.4	0.47	221.4	四川
2006	11.4	926.4	15.0	70.1	0.45	227.0	四川
2010	11.5	1 009.9	14.8	—	—	257.4	云南

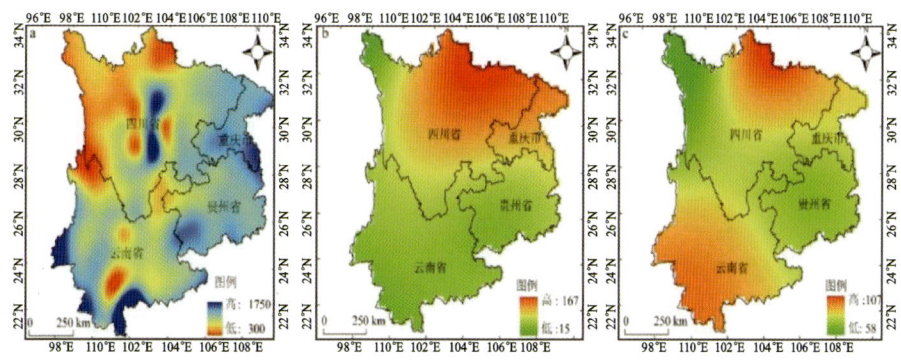

图1-1-4 我国西南地区降水和干旱灾害的空间分布(据韩兰英等,2014)

飓风灾害方面,全球变暖引起海水温度上升,导致飓风携带水汽增加,使得飓风登陆后衰退时间延长,给海岸带甚至内陆地区造成更强的破坏(Li and Chakraborty,2020)。

随着全球变暖的加剧,海水温度和气温都在升高,致使季节性海冰更易融化(彭海涛,2011)。经过多年的研究和观测,海冰的覆盖面积不断刷新最低值,海冰厚度也逐渐变薄,海

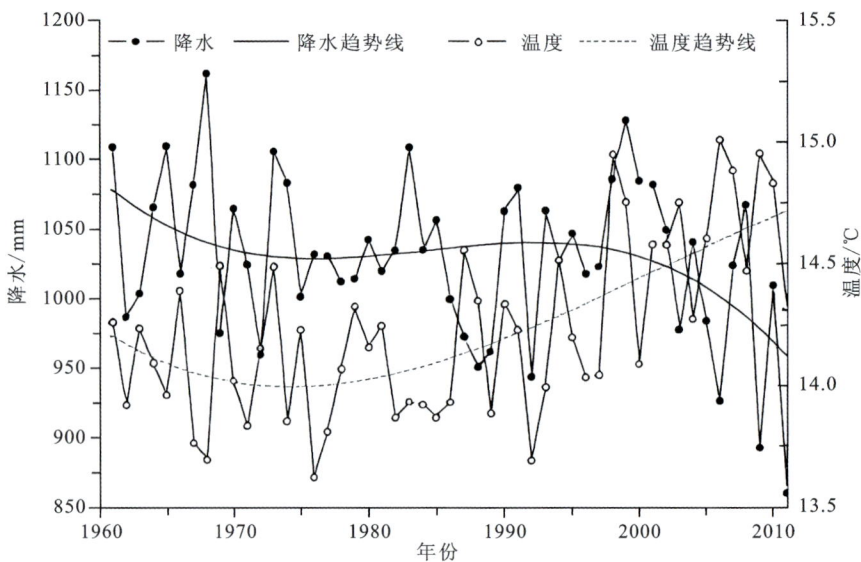

图 1-1-5　1961—2021 年西南地区年降水量和年平均温度时间变化（据韩兰英等，2014）

冰覆盖海域的结冰时间不断缩短（图 1-1-6），进一步加速全球升温，对全球气候系统和生态系统带来不可逆转的影响。其中，最直接的影响可能是海平面上升，这将给低洼地区和沿海城市带来严重的威胁。

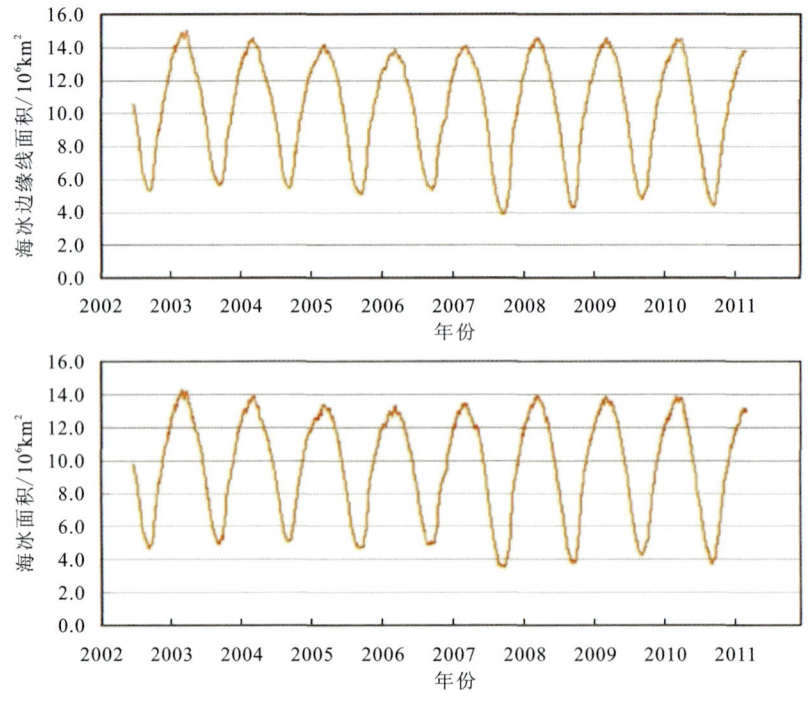

图 1-1-6　北极海冰边缘线面积和海冰面积的时间序列图（据彭海涛，2011）

2. 大气环流异常

大气环流模式的变化对极端天气气候事件的发生有着重要影响。大气环流模式是决定天气系统变化和分布的关键因素。一些研究表明，气候变化可能导致大气环流模式的变化（王淼森等，2024），进而导致极端天气气候事件的增加。大气环流发生异常将会导致一些地区出现更多的干旱、寒潮、热浪等极端天气。Dai（2011）对全球尺度干旱灾害的研究表明，气候变暖引起大气水分需求增加，从而改变大气环流模式，导致干旱灾害发生，同时厄尔尼诺-南方涛动（El Niño-Southern Oscillation，ENSO）、热带大西洋海温以及亚洲季风环流都对全球干旱起着重要的推动作用。姜灵峰和崔新强（2016）认为大气环流异常造成的年降雨量时空分布不均是我国农业暴雨洪涝和干旱灾害变化的主要气象原因。如极地涡旋的变弱和南极洲上空高压系统的变化可能导致极端寒冷事件出现得更加频繁。此外，厄尔尼诺现象和拉尼娜现象，造成大气环流异常。

3. 极端厄尔尼诺-南方涛动（El Niño-Southern Oscillation，ENSO）

众多研究表明（陈志昭等，2018；刘立等，2022），ENSO对大气环流以及全球许多地方的天气气候异常有着重要的影响。ENSO期间，赤道东太平洋持续升温，对热带大气环流的影响最直接。而热带大气环流的异常变化，也必牵动全球大气环流，因而会在全球范围内引起一系列的天气气候异常。由于ENSO的发生造成了大气环流尤其是热带大气环流的严重持续异常，因而给全球范围带来明显的气候异常。以1982—1983年的厄尔尼诺事件为例（吴正贤等，1990），在秘鲁北部的降水量竟多达多年平均量的340倍。巨大的降水量使河水流量猛增，造成该地区严重的洪涝灾害。同上述洪涝灾害相反，厄尔尼诺-南方涛动（ENSO）气候现象在造成世界不同地区的干旱方面也起着至关重要的作用。厄尔尼诺事件的发生又往往造成南亚、印度尼西亚和非洲东南部的大范围干旱。ENSO对西太平洋副热带高压的活动也有明显的影响，包括对副热带高压位置和强度的影响。其次，厄尔尼诺现象的发生使中高纬度西风加强，阿留申低压往往比正常时强（气压值低），常给北美西岸地区造成频繁的强风暴活动，使得暴风雨和风暴浪潮的影响更加严重。ENSO对中国气候也有明显的影响，众多的气候灾害说明，ENSO影响大气环流，从而导致全球性气候异常。

4. 海流运动异常

海洋的变化对极端气候事件的发生有着重要影响。如海洋水量减少，对气候调节作用减弱、海洋温度的升高导致气候系统的不稳定化；如洋流将热能和水体输往高纬度和极地海区，使得热能在全球海洋的分布相对比较均匀。伴随海水运动，相对较热的水体所到之处，大气中的水汽含量也随之上升，从而增大降水量。此外，海洋中有大量生物生长，不断地进行太阳热能、水汽和CO_2的传输、转换，而这些能量和物质都与气候变化密切相关。用英国科学家克罗尔的话来说，大洋环流提供了气候变化所需的物理机制（Croll，1889）。

海洋会影响气候变化，反过来海洋也受气候变化影响。全球变暖的加剧，将会导致海洋温度升高、海表面高度上升，以及风暴潮与海水酸化的加剧等，这也进一步加剧了洪水和暴雨等极端气候事件的发生。

1.2.2 人为因素

1. 自然系统的破坏

人类对自然系统的过度开发和破坏可能导致极端气候事件的增加。森林的砍伐和湿地的开垦不仅导致生物多样性的丧失,还扰乱了自然系统的平衡。同时,森林砍伐也可能引发干旱,因为树木的缺乏使土壤容易受到风和水的侵蚀。据估计,北美大平原地区因风蚀造成的土壤损失在干旱年份比湿润年份多约6100倍。从全球来看,毁林式的土地使用变化造成了约30%的温室气体排放,这些排放导致气候变化,这种变化将持续下去(朱红,2022)。

此外,一些不恰当的人类活动(如过度耕作和过度灌溉)也会对土地蓄水能力产生负面影响,如导致干旱、围湖造田后容易造成洪涝灾害等。这些措施加快了湖泊沼泽化的进程,促使湖泊面积不断缩小,导致地表径流的调蓄出现问题,从而造成水涝、干旱等自然灾害面积逐年递增。湖泊面积过小,不仅影响其蓄水能力,还会导致水的蒸发量逐年减少,造成旱灾、洪水等自然灾害频发;破坏沼泽地会引起空气湿度降低,净化空气的能力减弱,导致空气污染,从而引发水土流失,土壤沙化严重,这进一步加剧了气候变化和极端天气气候事件的发生。

2. 温室气体排放

随着人类技术的进步,尤其工业革命极大地提升了人类的生产力,带来了大规模的能源需求,大量的煤炭、石油等化石燃料被开采使用,释放出大量的二氧化碳和其他温室气体,人类活动水平对气候变化的影响越来越突出。最新研究显示,陆地气温升高以及北半球热带海洋变暖始于180年前,全球变暖早在工业革命初期就开始了,这表明工业革命后人类活动尤其大规模的化石能源使用是影响气候变化的重要因素。在此背景下,科学界越来越多人士认为过量温室气体排放是引起极端天气和气候变化的重要原因。此后,随着历次工业革命的进行以及对能源需求的增加,人类活动对气候变化的影响越来越突出,气候变化对人类环境和生活的影响也越来越直接,包括干旱、洪涝、火灾、热浪、极寒、暴风雨雪等各种极端天气发生频率的增加。

3. 城市化进程提高

城市化程度日益提高,更多的土地被用于建造不同类型的建筑物和街道,路面硬化面积扩大,地表水下渗能力减弱,雨季引起积水。交通和工业高度集中,造成大量的温室气体被排放。绿地流失,热岛效应加剧。城市化对气象要素的影响主要体现在气温的变化上,随着城市化进程加快,气温逐渐升高,年平均相对湿度也随着城市化进程的加快而逐渐降低(张俊等,2019),这将导致热浪频率和强度的增加。

4. 人口结构变化

人口结构对于环境的影响主要体现在温室气体排放方面。在其他因素不变的条件下,人口规模通过两种方式对温室气体排放产生影响(王钦池,2012):一是较多的人口会使能源需求增加,能源消费产生的温室气体也会增多;二是人口快速增长,导致人口利用土地增多,破坏森林进行土地扩张,改变了土地利用方式,导致温室气体排放量增加,最终导致气候变暖。因此,人口的规模和人口的增长率从根本上决定了环境问题的范围和严重性。

1.3 研究目的与意义

极端气候事件并不只是一个遥不可及的词语,它的出现很大程度上是由人类活动引起的,而它又反过来对人类社会的生产发展造成极其重要的影响。如果不能对未来的极端气候进行准确的预测,那么我们就不能采取及时有效的措施以抵御极端气候带来的灾害,这对人类生活造成的影响将是不可估量的。

IPCC第六次评估报告指出人类活动引起的气候变化已经影响了全球各个地区的极端天气与气候事件,未来任何地区的持续增暖都会引起愈加频繁且严重的极端事件,而中国是全球气候变化的敏感区和影响显著区之一。中国幅员辽阔,气候类型、生态环境复杂多样,气候变化及其不利影响呈现显著的区域差异性。1983年、1998年、2012年(图1-1-7)为全中

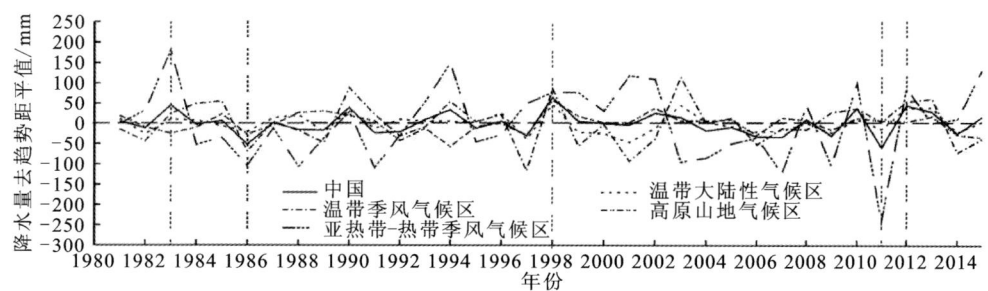

图1-1-7 1981—2015年中国区域降水量去趋势距平值(据蒋帅等,2023)

国极端强降水年,极端强降水事件的主要发生区域分别位于长江中下游、长江上游和内蒙古东部地区。对于全国极端干旱年,1986年全国大部分区域均较常年偏干,而2011年干旱区域集中出现在亚热带-热带季风气候区,1998年、2012年分别为全中国极端高温和极端低温年(蒋帅等,2023)。极端降水与城市雨洪和山洪等骤发性洪涝灾害关系密切,洪涝灾害的发生会大概率导致大规模人员伤亡、财产损失、道路桥梁和建筑物的破坏,影响交通和基础设施的运行,使得经济发展受阻。极端气温与农业生态息息相关,低温会对生物产生冷害、霜害、冻害,高温会抑制植物的光合作用,增强呼吸作用,使得这两个重要的生物过程产生失调。有研究显示,在北半球中高纬度地区,季前极端低温与极端降水会直接导致植被返青期推迟、枯黄期提前,而极端高温和极端干旱导致植物气孔关闭,抑制光合和蒸腾作用,间接导致枯黄期提前(张晶等,2023)。2020年、2021年拉尼娜期间的极端天气改变了降雨季节,使世界各地的生计和农业活动受到破坏,2021年降雨季节期间的极端气候事件又加剧了极端温度的发生,使农业生长失调,影响农作物产量,进而影响经济发展。随着未来全球气候进一步增暖,更多区域将受到农业生态干旱加重的影响,未来全球升温幅度越大,遭受农业生态干旱加重影响的区域就越多。极端风暴,如热带气旋、强对流、大风等对经济社会具有重

要影响,我国属于沿海国家,受到热带气旋的影响更甚,如台风"山竹""海燕""杜苏芮"等,对我国沿海地区如福建、广东等有着重大灾害影响,台风对房屋、道路有着巨大的破坏力,造成的人员伤亡也不可小觑。极端气候的变化还对生态系统有着巨大的影响,包括陆地、淡水、沿海和海洋生态系统及其所提供的服务等都受到气候变化的影响,在全球变暖的大背景下,生态系统以前所未有的速度恶化,而且预计未来几十年会加速恶化。生态系统的恶化对生物多样性有着较大的负面影响,使得生物数量减少,濒危物种数量增多,限制其保障人类福祉的能力并损害其适应能力,使其无法形成复原力。

目前,全球33亿~36亿人生活在气候变化高脆弱区,物种中50%正在向极地和高海拔迁移,1/4的自然土地面临着更长的火灾季节,一半的人口面临着严重缺水问题。1970—2021年,极端天气、气候和降水事件引起的灾害达到11 778起,造成超过200万人死亡,经济损失达4.3万亿美元。过去20年极端高温事件数量增加了232%。2022年欧洲有近6.2万人死于与高温有关的疾病,2023年入夏以来,欧洲、北美洲、亚洲等多个区域高温纪录又被刷新,这种情况给人体健康、工农业生产和经济活动带来严重冲击(何霄嘉,2023)。自21世纪以来,我国因气象灾害导致的直接经济损失年均超过3000亿元,占国内生产总值比例年均接近1%(中国气象局,2022),是同期全球平均水平的4倍多。未来气候变化给人类社会带来的风险与损失已经数不胜数,如果再不采取合理的措施制定应对气候变化的策略,将来人类必将有更多的损失,付出更大的代价。IPCC提出,在人类系统中,适应是对气候实际或预期产生的影响进行调整的过程,以便减轻损害或利用有利的机会。在自然系统中,适应是对气候实际产生影响的调整,人为干预起到辅助作用。适应气候变化是应对未来极端气候的有效措施和重要构成,是世界各国面临的现实而紧迫的任务,我国积极响应应对气候变化的号召,将生态文明建设放在突出地位,将稳妥推进碳达峰碳中和作为推动绿色发展、促进人与自然和谐共生的重要内容,世界各国都应尽快开展气候变化战略部署,加强针对气候变化方向的科学研究实力,以先进的知识与技术和完善的机制与制度来共同应对未来极端气候变化。

由上可见,极端气候事件的发生对于整个地球的生态、整个人类社会的生活、整个经济的发展有着不可忽略的影响,对未来极端气候事件的预测迫在眉睫,我们必须尽快制定针对气候变化的应对策略,并采取有效措施,以充足的准备应对未来气候的变化。

2 极端气候的概念界定与分析

2.1 定义与分类

极端气候事件是指可能对人类社会、农业生产和自然生态环境造成破坏的异常恶劣的气候或天气事件,这些事件与常态天气条件相比,发生频率较低且在时间和空间上表现出明显的差异。IPCC 第六次评估报告(AR6)定义极端气候事件为"在一年中某一特定地点或时间罕见的事件",而定义极端气候事件为"持续一段时间(比如一个季节)的极端天气模式"。极端气候事件通常是短暂的,例如强降水、寒潮、台风、洪涝等;极端气候事件则是持续时间更长或由极端气候事件的持续累积引起的气候事件,例如全球变暖下的海平面上升、夏季持续高温、长期低于平均降水引起的干旱等。

由于极端气候事件的不确定性,定义极端气候事件也存在不同的方法(Herring et al.,2018)。第一种是基于历史观测数据,统计给定幅度的气候事件在特定时间内发生的次数或概率,此时极端气候事件定义为一定地区在一定时间内出现几十年一遇甚至百年一遇的小概率(其发生概率通常小于 10%)严重偏离其平均态的气象现象,这种方法通常应用于对极端事件的统计上,以确定全球气候变化下极端事件发生频率和强度的变化。第二种是通过判断对气候事件的发生与否或相关的影响是否超过了给定的阈值来确定是不是极端事件,这在气候学中被广泛应用,如当降水量/最高温度/最低温度超过给定的阈值即被定义为极端事件。

极端气候类型包括极端温度、强降水、洪涝、干旱、极端风暴、复合事件等,IPCC 第六次评估报告(AR6)中对以上类型极端事件进行评估,内容涉及物理机制和驱动因子、观测的变化趋势、模式模拟能力评估、检测与归因以及未来变化预估等方面。

因为一些地域和相关研究的需求而定义了不同的指标来判定极端气候事件,例如一些表征干旱的指标帕尔默干旱指数、标准化降水指数、综合气象干旱指数等用于全球不同区域极端干旱事件研究(Dai et al.,1995;Wang et al.,2003;李新周等,2006;Li et al.,2006)。我国也根据气候业务和相关研究的需要定义了一系列常用指标和阈值用于判定高温、暴雨、暴雪、大风、寒潮等极端气候事件的发生(秦大河,2015)。极端气候的气候指标有极端温度、极端降水及其他指标,在此对以上指标进行简要介绍(丁裕国和江志红,2009)。

极端温度是指一天中观测到的气温最高或最低值超过一定界限的情况。它的统计方法为:对一年各月中的每日(逐日)观测项目的最高温度和最低温度进行统计,计算其平均值就可得到各月的平均最高温度和平均最低温度;从一年各月中的每日(逐日)观测项目的最高温度和最低温度中挑出最大值和最小值即得到各月的绝对最高温度和绝对最低温度;一年中最热月或最冷月的平均最高温度和最低温度即为年平均最高温度和最低温度。

极端降水是指日降水强度大,达到或超过1979—2011年冬季日降水序列90%分位数的阈值、持续时间超过3天或不中断的大范围强降水现象。它的统计方法为:对于某一地点或地区而言,以该地逐日降水量记录资料为基础,从中挑选出各个月份的一日最大降水量及其出现日期;各个月份的最长连续降雨日数;各个月份的最长连续无雨日数。

其他各种气候要素如风速、风向、湿度、云量、日照时数与日照百分率、各种特殊天气日数(如冰雹、雾、沙尘暴、雷暴等)的极端值也可作类似的统计。

由于受到全球气候长序列资料的限制以及各国对极端事件指标和阈值缺乏统一的定义,全球极端气候事件的研究发展受到了一定阻碍。为了改变这一现状,21世纪初世界气象组织(World Meteorological Organization,WMO)和世界气候研究计划(WCRP)等联合成立了气候变化检测和指数专家组(Expert Team on Climate Change Detection and Indices,ETCCDI),定义了27个具有代表性的气候指数(表1-2-1),用于全球及区域极端气候变化的研究。ETCCDI推广的极端气候指数,推动了全球极端气候变化的观测研究,加快了极端气候变化模拟与归因研究步伐(Alexander et al.,2006;Donat et al.,2013;Kim et al.,2016;Yin and Sun,2018)。

表1-2-1 WMO推荐的极端气候指标(据丁裕国和江志红,2009)

代码	名称	定义	单位
FD	霜冻日数	日最低气温(TN)<0℃的日数	d
ID	结冰日数	日最高气温(TX)<0℃的日数	d
TXx	最高气温	年、月的最高气温的最大值	℃
TNx	最低气温极大值	年、月的最低气温的最大值	℃
TXn	最高气温极小值	年、月的最高气温的最小值	℃
TNn	最低气温	年、月的最低气温的最小值	℃
TN10p	冷夜日数	日最低气温(TN)<10%分位数的日数	d
TX10p	冷昼日数	日最高气温(TX)<10%分位数的日数	d
TN90p	暖夜日数	日最低气温(TN)>90%分位数的日数	d
TX90p	暖昼日数	日最低气温(TX)>90%分位数的日数	d
WSDI	暖日持续日数	每年至少连续6d日最高气温(TX)>90%分位数的日数	d
CSDI	冷日持续日数	每年至少连续6d日最高气温(TX)<10%分位数的日数	d
SU	夏天日数	日最高气温>25℃的天数	d
GSL	生长期长度	至少6d日平均气温>5℃的初日与<5℃的终日间的日数	d
TR	热夜日数	日最低气温(TN)>20℃的日数	d
DTR	平均温差	日温差的平均值	℃
PRECPTOT	年降水量	≥1mm降水日累积量	mm

续表 1-2-1

代码	名称	定义	单位
SDII	降水强度	年降水量或≥1mm 日数	mm/d
CDD	连续无雨日数	最长连续无降水日数	d
CWD	连续有雨日数	最长连续降水日数	d
R25	大雨日数	日降水量≥25mm 日数	d
R10	中雨日数	日降水量≥10mm 日数	d
Rx1day	日最大降水量	日最大降水量	mm
Rx5day	5d 最大降水量	连续 5d 最大降水量	mm
R95p	强降水量	日降水量>95%分位值的总降水量	mm
R99p	极强降水量	日降水量>99%分位值的总降水量	mm
Rnn	自定义雨级日数	日降水量≥n(mm)日数,n自主确定	d

2.2 近年来全球范围内重大极端气候事件案例分析

2021年7月20日前后,中国河南省遭受了一次前所未有的强降水事件(命名为"7·20"极端降水事件)。郑州气象站记录的小时降水量最高达201.9mm,刷新了大陆地区小时降水量纪录。孙其明等(2023)利用站点数据、再分析数据等数据和集合经验模态分解方法(ensemble empirical mode decomposition,EEMD),研究了河南地区2021年7月极端降雨的基本特征、水汽来源以及西太平洋副热带高压的作用。结果显示:

(1)副热带西太平洋是2021年7月河南地区极端降雨的主要水汽来源,对河南地区强烈的水汽异常上升运动具有重要作用。在此次事件期间,西太平洋副热带高压显著偏强、位置偏北,在与此相关的异常反气旋和台风"烟花"相关气旋共同影响下,西太平洋副热带到河南地区的大范围内产生显著的东风异常,导致大量的水汽通过中低空从西太平洋海域输送到河南地区,并在河南地区的异常强烈的低空上升气流作用下形成极端降雨。

(2)2021年7月,副热带高压的第二模态IMF2位于极端峰值,相关海洋和大气环流过程更加显著,对此期间河南地区极端降雨可能具有非常重要的影响。

此外,2021年2月13—17日,北美冬季风暴乌里袭击北美大陆,加拿大南部、美国大部、墨西哥北部遭遇强寒流和极端暴风雪,多地最低气温突破历史极值,美国俄克拉何马城出现1899年以来最低气温记录(−26℃)。此次风暴给北美地区经济和社会活动造成很大影响。任素玲等(2022)利用气象卫星数据和欧洲中期天气预报中心 ERA5 再分析数据,在开展卫星数据误差分析的基础上,研究2021年2月北美冬季风暴乌里发生的气候背景、发展演变、极涡活动对乌里的作用及造成极端低温和降雪的大气影响因子等。结果表明:在东北太平洋高压脊的引导下,极涡加强南下,极涡中心西侧横槽转竖过程中冷空气向南爆发,高纬度地区对流层中高层的高位涡区异常南伸为乌里的生成提供了高层动力。底层冷空气南伸到北纬30°附近,与沿着副热带高压西侧向北输送的墨西哥湾暖湿气流在美国南部交汇,触发低层气旋风暴云系快速发展,为强降雪的发生、发展提供有利的条件。

除了以上两个案例以外,近年来全球范围内还发生过多起重大极端气候事件,例如包括欧洲西南部、北非、东南亚、巴西等在内的许多地区在2023年春季发生了极端高温(甚至可达40℃以上);2023年7月的华北京津冀暴雨和9月的利比亚洪水。前者受到超强台风"杜苏芮"和"卡努"的共同影响,后者则受到地中海飓风"丹尼尔"的影响,局地降水量均打破了历史纪录(詹奕嘉,2023)。除此之外,大范围野火(如2023年8月的夏威夷野火和加拿大春季至秋季的野火)和沙尘暴(如2023年4月蒙古沙尘暴)事件的爆发,使得极端事件与生态系统的相互作用增强。图1-2-1为2023年全球主要极端气候事件回顾。

图1-2-1 2023年全球主要极端气候事件回顾(据Zhang et al.,2024)

3 研究现状

3.1 未来极端气候预测研究发展现状

目前未来极端气候预测方法主要分为基于模式计算的方法和基于人工智能的方法两大类,其中基于模式计算的方法主要利用大气模式或海气耦合模式统计所预报的极端气候变量阈值,然后根据气候模式数值模拟结果,通过研究极端气候的强度、发生概率或频次对极端气候进行预测;而基于人工智能的方法主要依靠机器学习算法挖掘多模态数据与极端气候现象的内在联系,以达到准确预测极端气候的目的。

使用基于模式计算的方法进行极端气候的预测需要基于大气模型或海气耦合模型,而模型预报会带来误差,主要包括由于机理认知的不全面和数值离散带来的模式误差,以及模型系统对初值异常敏感带来的初值误差(Palmer et al.,1994)。为应对模式误差以及初值误差带来的影响,目前较为常用的方法是集合预报方法。与传统的单模型集成方法相比,集合预报方法已被证明具有更好的预测质量(Palmer et al.,2004;Hagedorn et al.,2005;Doblas-Reyes et al.,2005;Smith and Coauthors,2013)。集合预报方法的主要思路是将多组随机扰动叠加在初始场上产生多组预报的结果,然后根据这些结果估计预报的概率密度分布,从而评估预报结果的误差和不确定性。北美多模式集合已在美国启动,由国家海洋和大气管理局(NOAA)/国家环境预测中心(NCEP)从2011年8月开始提供实时实验业务预报。欧洲联合项目"示范更有效的酶生产以提高生物气产量"(DEMETER)也开发了一种基于多模型集合的系统,用于季节到年际预测。DEMETER系统由7个全球大气-海洋耦合模型组成,每个模型都基于初始条件集合运行。中国气象局国家气候中心基于国内外多个气候模式发展了中国多模式集合预测系统,并从2017年开始开展了面向业务气候预测的相关应用(任宏利等,2018)。

基于模式计算的极端气候预测方法取得了重要的进展,但是在面对各种复杂极端气候预测任务时,仍然面临一些挑战。极端气候通常具有雷诺数大、非线性强以及多尺度动力学现象耦合的特点,具有很高的复杂度。这就导致目前对极端气候的动力学机制,包括生成、演变以及消亡的过程和影响因素的认识存在很多不足,演变的机理并不完全清楚,致使目前采用的模型都存在一定程度的误差。此外,目前的模式计算方法需要采用参数化方案来刻画次网格尺度的动力学现象所带来的能量变化,而参数化方案在极端气候的数值模拟和数值预报方面表现得不尽如人意,需要改善现有的方案或者构建新的参数化方案来解决这个问题。

使用基于人工智能的方法进行极端气候的预测需要挖掘物理量内在的相关性并设计神

经网络来预测天气要素，目前常用的神经网络有卷积神经网络（convolutional neural networks，CNN）、循环神经网络（recurrent neural network，RNN）、长短时记忆网络（long short-term memory，LSTM）、图神经网络（graph neural networks，GNN）和 Transformer 等。Ham 等（2019）提出了一种基于 CNN 的 ENSO 长期预测模型，该模型使用连续 3 个月 0°—360°E，55°S—60°N 区域的 SST 和热含量（上层 300m 的垂直平均海洋温度）异常图作为预测因子，使用 Nino 3.4 指数作为预测值，实现了长达 1.5a 的 ENSO 事件的精确预测。随后，Ye 等（2021）提出了一种自适应深度学习模型选择方法（MS-CNN），通过自适应地调整卷积核的大小来捕获不同尺度的信息，构建了异构体系结构的并行深度 CNN 来对 ENSO 现象进行预测，提高了并行模型预测的可靠性和结果的准确性。Hu 等（2021）提出了一种用于 ENSO 预测的深度残差卷积神经网络（Res-CNN）模型，该模型在 CNN 模型的基础上引入 dropout 技术和残差连接模块提高了模型的性能，并使用同质迁移学习技术，进一步提高了预测能力，可以有效提前 20 个月预测 Nino 3.4 指数。Shi 等（2015）通过 CNN 和 LSTM 的结合体来建模时空特征，在 FC-LSTM 的基础上，提出了采用 ConvLSTM 模块来搭建预测网络，建立了一个端到端的可训练降水预报模型。Pan 等（2019）利用循环神经网络（recurrent neural network，RNN）预测台风强度，依靠历史观测数据，构建完全数据驱动的台风强度预测模型。黄超等（2022）建立一个机器学习模型对湖南地区夏季雨型分布有较好的预测能力。许振赐等（2013）建立了一个支持向量机（LSSVM）模型对北京地区的气温进行预测（图 1-3-1）。

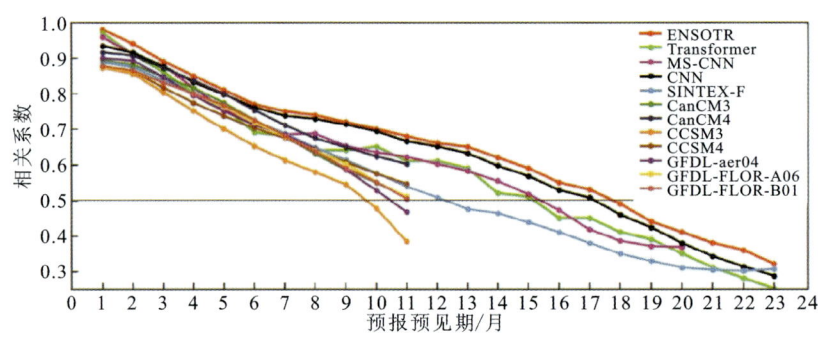

图 1-3-1 ENSO 预测方法实验性能对比（据许振赐等，2013）

得益于海洋气象大数据的推动和深度学习算法的广泛应用，基于数据驱动的极端气候预测方法取得了较大的成功，但是在面临大数据场景下的多种极端气候预测任务中，基于人工智能的方法仍然存在着较大的挑战。

当前，对极端气候预测的研究已经取得了一定的进展和方法上的创新，然而仍存在许多挑战和不确定性。例如：预测模型的精度和稳定性有待进一步提高；数据质量和覆盖面有待改善；不同领域之间的协同作用尚未充分发挥；等等。为了进一步推动极端气候预测的研究和应用，未来需要加强以下几个方面的工作。

（1）提升模型精度与稳定性：深入研究气候系统的物理过程和反馈机制，改进统计方法和物理模型的精度与稳定性。同时加强不同学科之间交叉融合和研究合作以提高模型模拟能力。

(2)加强数据质量与覆盖面:提高观测数据的精度和覆盖面是提高极端气候预测准确性的关键因素之一,加强观测系统的建设和数据质量的管理以提高数据的准确性和可靠性。

(3)发挥跨领域协同作用:加强不同领域之间的沟通与合作以实现跨领域的协同作用,例如在农业规划水资源管理灾害风险管理等领域中充分发挥极端气候预测的作用并为相关领域提供科学依据和支持。

(4)加强应用与实践:将极端气候预测研究成果应用于实际生产生活实践中。

3.2 我国相关研究的进展与不足

中国在气候模型方面取得了显著的进展。诸如中国气象局气候系统模式(BCC-CSM)等本土开发的模型,数据结果得到国内外学者的大量分析和使用,在全球气候模拟中具有广泛的影响力。这些模型不仅在预测全球气候变化趋势上取得了良好的成绩,还能提供对中国本土气候变化的精细预测。基于已有评估以及国际全球模式的发展趋势,国家气候中心致力于研发新的模式版本(辛晓歌等,2012),包括地球系统模式和高分辨率气候系统模式,并进一步完善和改进模式的物理过程,以提高模式的模拟能力。中国的科研团队在气候模拟的高分辨率方面也有显著突破,通过利用先进的计算技术,他们能够更准确地模拟局部区域的气象、海洋和陆地过程,从而提高了对特定地区极端气候事件的预测精度。同时,中国也积极参与了全球气候模式比较项目(CMIP)等国际合作项目,通过模拟不同温室气体排放情景下的气候变化,为未来气候预测提供了多种可能性,这使得中国能够根据不同情景制定相应的气候适应策略。

中国在极端气候事件的预测方面取得了很多成果。对于暴雨、干旱、热浪等极端事件的预测技术逐渐得到了提升,尤其是在利用遥感数据和先进的模型方法方面取得了一些突破。而对于青藏高原、西北地区等特定区域的气候变化趋势上,科研人员也进行了深入的研究。这些地区对中国的生态、水资源等方面具有重要的战略意义。

中国的科研团队也在积极评估气候变化对中国社会、经济和生态系统的影响,这包括对农业、水资源、健康、城市规划等方面的研究,为制定相应的政策提供了科学依据。中国在气候变化领域也积极参与国际合作,分享数据、研究成果和最佳实践。同时,中国还主动举办国际性的气候变化研讨会,促进了国际学术的交流与合作。

总的来说,中国在未来极端气候预测研究方面取得了显著的进展,同时也面临着一些挑战和不足之处。

一是我国人口众多的东部地区位于季风区,但季风区的气候预估结果具有高度的不确定性。在一些偏远地区和高海拔地区,观测网络的建设和维护仍然存在一些困难,获取观测数据可能会受到一定程度的限制。对于长期变化来说,全球季风降水预估结果的不确定性很大程度上来自环流的变化(Chen et al.,2020)。对于近期预估而言,提升季风区预测技巧的途径是发展年代际预测系统(Hu et al.,2021)。

二是减少气候预估不确定性的重要途径是准确估算气候敏感度。平衡态气候敏感度(equilibrium climate sensitivity,ECS),是指在大气中 CO_2 浓度当量翻倍之后年均 GSAT 的变化。但是对于我们所关心的降水、环流、变率模态等预估结果,目前尚缺乏有效的约束方法。因此,未来应该加强以下3个方向的研究。

(1)综合反馈过程研究、各种器测和古气候记录等,提高敏感度估算的精准度,这对减少预估的不确定性至关重要。

(2)改进模式,提升我国模式对关键气候反馈过程的合理刻画能力,特别是气溶胶-云-环流的相互作用过程。我国的8个气候模式彼此间的差异以及与国际模式ECS的差异也主要来源于云短波反馈,因此十分有必要加强国内从事云观测和模拟研究的团队建设,提升云反馈机制的认识和模拟水平。

(3)加强气候敏感度和我国气候变化关系的研究,明确不同气候区的主要气候反馈机制,减小针对我国未来极端气候和水资源变化的预估结果的不确定性。例如基于ECS的最佳估计值,通过发展空间型标度法(pattern scaling)等技术,提高东亚区域气候的预估水平(陈晓龙和周天军,2017)。

三是努力提升我国在气候预估科学领域的原始创新能力。我国学者在气候模式的区域性应用和发展完善上都有显著贡献,但是在原创方案特别是原始理念的提出上与发达国家相比尚有差距。

四是在气候预估能力建设上更好地发挥新时期的举国体制的优势。据IPCC AR6统计,开展全球模拟和预估的模式研发中心或联盟的数量较以往显著增多,参加CMIP1的研究机构有11家,CMIP5有19家,CMIP6则有28家。最终按照IPCC要求的截止时间节点同时完成了CMIP6的核心试验、历史气候模拟试验和情景预估试验,且数据最终被IPCC AR6正式采用的模式版本有39个,其中我国大陆地区6家机构贡献了8个模式版本,分别来自国家气候中心、中国气象科学研究院、中国科学院大气物理研究所、清华大学、自然资源部第一海洋研究所、南京信息工程大学。应对气候变化对气候模拟和预测预估工作有紧迫的国家需求,未来亟须发挥新时期的举国体制的优势,使我国数值模式的研发在不久的将来由弱变强,增强我国在该领域的核心竞争力,为应对气候变化提供更科学、可靠的信息支持。

4 气候预测领域典型模型

目前天气预报主要基于物理过程形成数学模型进行预测研究。这些传统的线性模型很难对非线性时间序列预测具有较好的预测精度。近年来，人工神经网络在天气预报领域得到了广泛的应用，并取得了良好的预报效果。在对极端气候的预估中主要使用的人工神经网络为 BP 神经网络（back propagation neural network, BP）、循环神经网络（recurrent neural network, RNN）以及卷积神经网络（convolutional neural network, CNN）这三类。

BP 算法是应用较为广泛的参数学习算法之一。BP 神经网络（图 1-4-1）是由 Rumelhart 和 McClelland 领导的科学家于 1986 年提出的误差反向传播算法的概念，是一种基于训练的多层前馈神经网络。在神经网络中由于我们无法直接获得隐藏层的权重，故先通过获得输出层的输出结果和期望输出之间的误差来间接调整隐藏层的权重。神经网络的训练学习由 2 个过程组成：信号前向传播和误差反向传播。BP 神经网络模型的拓扑结构通常包括输入层、隐含层、输出层 3 个部分。

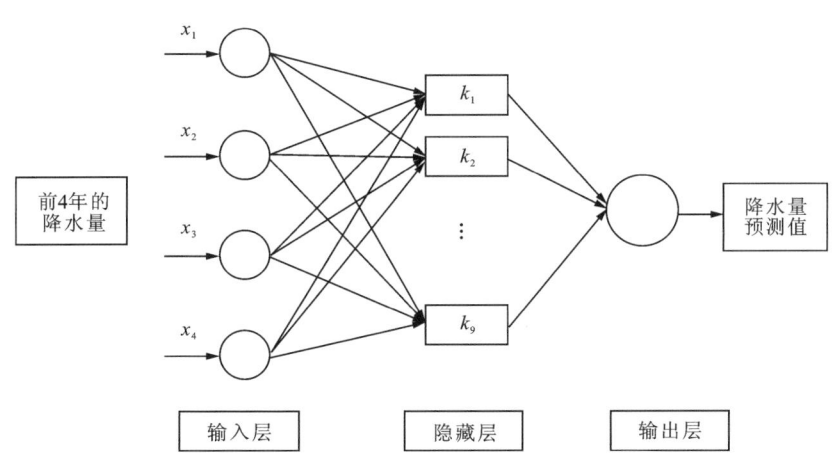

图 1-4-1　BP 神经网络图（据王建华等，2022）

BP 神经网络在极端气候预测中被广泛应用，比如 Yi 等（2022）提出了结合小波分析的 BP 神经网络风速预测模型。结果表明，该模型的预测结果更符合实际风速变化趋势，并具有较好的泛化能力。赵奕昕等（2022）先是通过计算多个气候变量与降水量之间的皮尔逊相关系数，在找出前 7 个对降水量最具有影响的气象特征变量后，利用 GA-BP 神经网络构建 7 个气象特征变量与降水量之间的非线性关系，通过训练得到一个神经网络定量预测模型。而后以郑州市 2021 年 7 月极端降水事件为例，利用训练得到的神经网络模型对极端降水量进行预测，结果显示该模型能较准确地预测极端降水天气。牛志娟和胡红萍（2015）将神经网络与最小二乘法结合起来，以此弥补最小二乘法的缺点，充分利用两者的优点，准确预测未来的最低气温。

RNN 是一种特殊的神经网络结构,它是根据"人的认知是基于过往的经验和记忆"这一观点提出的。它与 BP 神经网络、卷积神经网络(CNN)不同的是:它不仅考虑前一时刻的输入,而且赋予了网络对前面的内容的一种"记忆"功能,即一个序列当前的输出与前面序列的输出具有相关性。具体的表现形式为网络会对前面的信息进行记忆并应用于当前输出的计算中,即隐藏层之间的节点不再无连接而是有连接的,并且隐藏层的输入不仅包括输入层的输入,还包括上一时刻隐藏层的输出。循环神经网络是一种用于识别文本、序列数据(例如语音)或由传感器或股票市场生成的时间序列数据的模式。循环神经网络充分考虑时间序列在时间维度上运动状态的特点,从而能够更好地处理时序数据。故 RNN 适合用于气候这类的时间序列数据建模。

RNN(图 1-4-2)在极端气候的预测中有着重要作用。索朗多旦等(2024)基于 RNN 神经网络,构建了欧亚中高纬地区夏季极端高温的年代际预测模型,基于 CMIP6 的动力模式大样本预测结果,RNN 使 2008—2020 年间 60°N 以南区域和 60°N 以北区域极端高温的年代际变率预测水平显著提高,距平相关系数从多模式集合平均中的 -0.61 和 -0.03,提升至 0.86 和 0.83,均方差评分从多模式集合平均中的 -1.10 和 -0.94,提升至 0.37 和 0.52。Wang 等(2020)基于中国气象局的全国温度数据,对比了传统神经网络和循环神经网络在对温度降尺度时的表现。结果表明,尽管在不同地区 RNN 和 ANN 的表现各有优劣,但是整体上 RNN 在最高和最低温度降尺度方面比 ANN 的性能高出约 6% 和 10%。

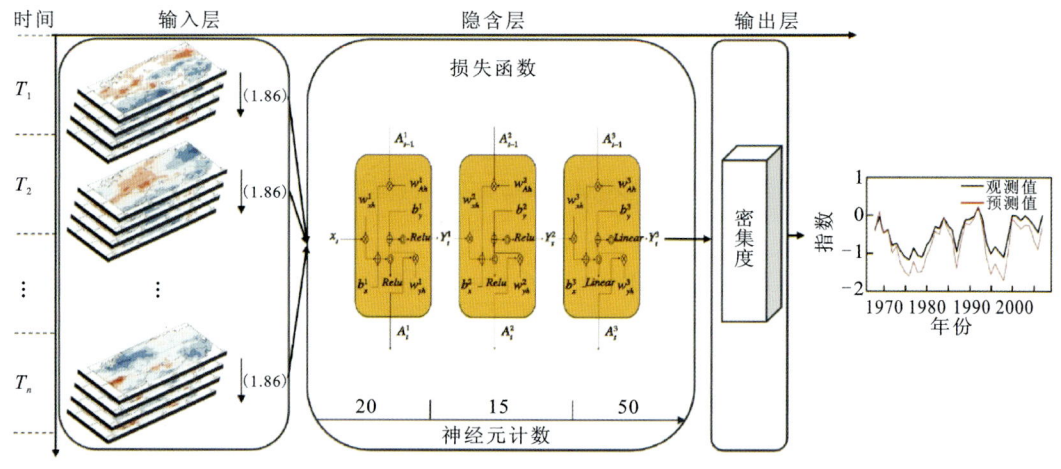

图 1-4-2　RNN 结构框架图(据索朗多旦等,2024 修改)

CNN(图 1-4-3)通过其在图像处理领域的强大表现,为极端气候事件的预估提供了新的可能性,在极端气候预估中扮演着重要角色。CNN 可以用于处理各种气象数据,包括卫星图像、雷达数据、气象站观测数据等,通过对这些数据进行卷积和池化操作,CNN 能够从中提取有关天气模式、云层形态、温度分布等关键特征,从而实现对未来极端气候事件的预测。CNN 的优势之一是其对于空间关系的敏感性。通过在卷积层中使用局部感受野,CNN 能够捕捉到不同区域之间的空间关系,这对于气象数据中的空间特征非常重要。此外,CNN 还具有较强的自适应能力,能够适应不同尺度和分辨率的数据,从而更好地处理不同来源的气象数据。Davenport 和 Diffenbaugh(2021)基于 NCEP 和 PRISM 的海表面压力、500hPa

位势高度异常、降水数据，使用 CNN 对海表面压力和 500hPa 位势高度异常数据进行分析，判断极端降水的发生与否。结果表明，CNN 可以正确识别观测到的 91% 的极端降水。Shin 等（2016）提出了一种基于深度卷积神经网络的雷达噪声图像语义分割方法。该方法可以有效减少多普勒天气雷达的散射回波图像受到非降雨回波的影响，能有效提高对短期高精度下天气预报的准确度。

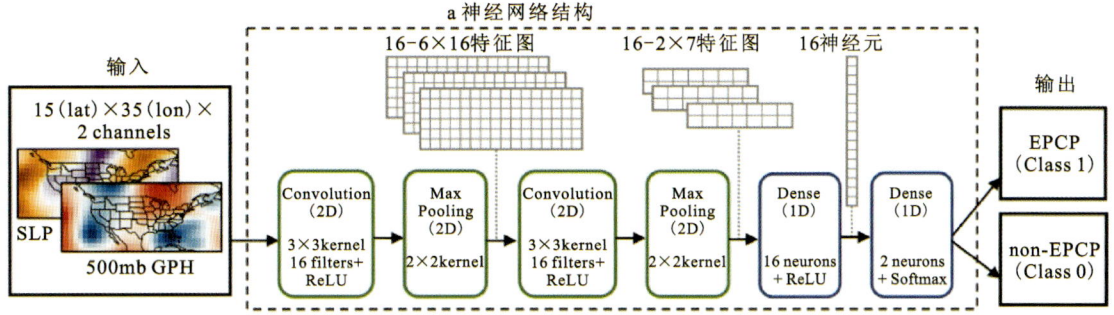

图 1-4-3　CNN 结构框架图（据 Davenport 和 Diffenbaugh，2021 修改）

除了以上几种经典的基础神经网络外，由多种神经网络耦合得到的网络模型在对极端气候的预估中同样表现突出。比如：Shi 等（2015）提出了基于卷积神经网络和时间循环神经网络的卷积长短期记忆神经网络（ConvLSTM，Convolutional Long Short-Term Memory），通过堆叠多个卷积与长短期记忆层形成预测结构，构建了针对降水临近预报问题的可训练模型。以下将对研究领域中使用的几种典型大气模型进行介绍。

4.1　社区大气模型 CAM

美国国家大气研究中心（National Center for Atmospheric Research，NCAR）研制的全球大气环流模型 CAM（community atmosphere model）是目前较有代表性的气候模型，被广泛应用于气候数值模拟领域。CAM 的原始版本为 20 世纪 90 年代所开发的全球气候模型 CCM（community climate model），是为了研究全球气候而开发的三维全球大气模型。随着计算机技术的进步以及对气候系统理解的不断深入，CCM 经历了多个版本的迭代和改进，包括 CCM0 至 CCM3。为了反映大气模型在全耦合气候系统中的作用，该大气模型第五代更名为 CAM 并沿用至今。CAM 每个版本都有不同的分辨率和功能，其中，CAM5 和 CAM6 是目前最常用的版本，被广泛应用于气候研究、天气预报、模式评估和模拟实验等领域。

CAM 模型模拟了大气的物理和动力过程，涵盖了多个与气候相关的关键过程（图 1-4-4、图 1-4-5），其中包括大气动力学、辐射传输、云物理过程、降水形成和对流与边界层物理过程等。通过模拟这些大气过程，CAM 能够对大气进行综合描述，从而对气候系统的演化和变化进行模拟和研究，对于预测未来气候变化、评估天气极端事件和研究气候系统的反馈机制非常重要。

2012 年有学者对 CAM3.1 版本在中国区域的极端气候的模拟能力进行了评估（周晶和

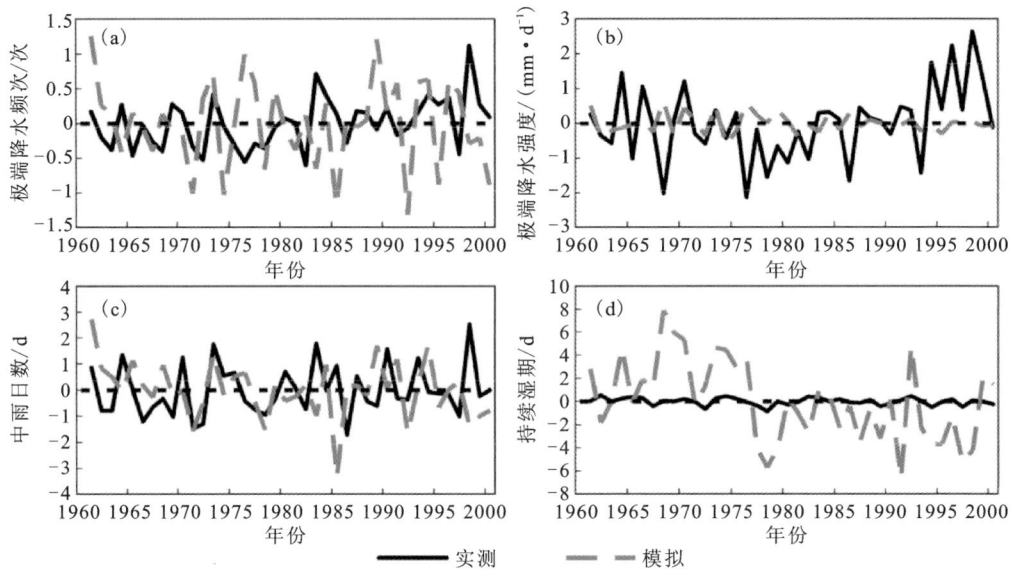

图 1-4-4　观测和模拟的极端降水指标的年际变化(据周晶和陈海山,2012)
(a)极端降水频次;(b)极端降水强度;(c)中雨日数;(d)持续湿期

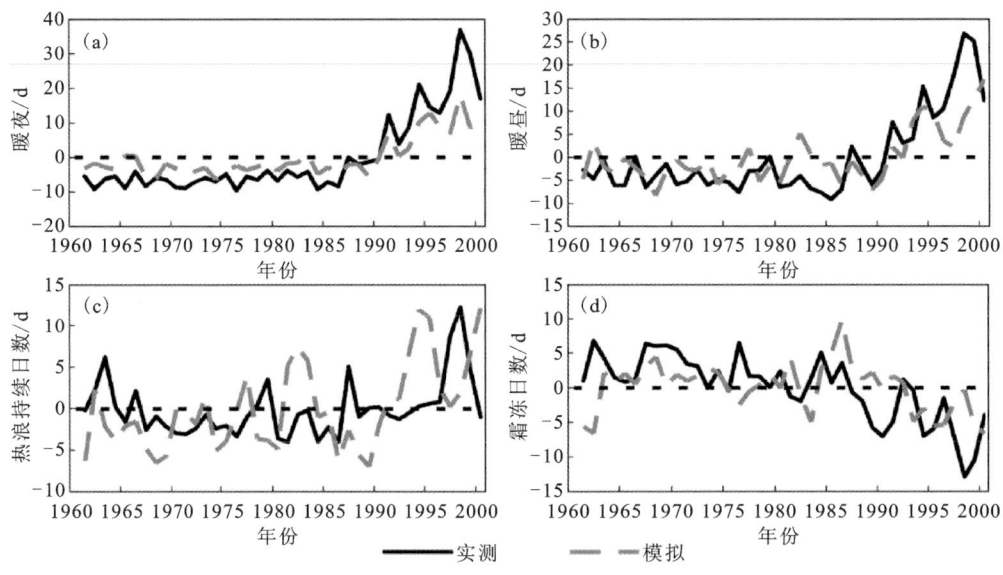

图 1-4-5　观测和模拟的极端气温指标的年际变化(据周晶和陈海山,2012)
(a)暖夜;(b)暖昼;(c)热浪持续指数;(d)霜冻日数

陈海山,2012),结果表明 CAM3.1 版本对中国区域极端气候事件具有一定的模拟能力,对中国区域极端气候指数气候平均态的大尺度空间分布特征、极端气温指数的年际变化特征、极端温度和降水指标长期变化趋势的主要空间分布特征的模拟能力较强。

4.2 天气研究和预报模型 WRF

天气研究和预报模型 WRF(weather research and forecasting model)是美国国家大气研究中心与美国国家环境预测中心(National Centers for Environmental Prediction，NCEP)等美国科研机构为大气研究与业务预报应用设计的广泛应用于气候和天气预测的区域气候模型。它具有两个动力核心、一个数据同化系统以及支持并行计算和系统可扩展性的软件架构，在从数十米到数千千米的气象应用中表现出色。与 CAM 不同，WRF 专注于区域尺度的气象模拟，可以将模型的空间范围和分辨率设置为指定区域，提供高分辨率的模拟结果。

WRF 具有可移植、高可配置性、支持多尺度、支持数据同化等特点。WRF 具有高度可配置的结构，可以根据需求定制模型设置，以及选择不同的参数化方案、物理方案和边界条件，以适应不同气候条件和研究目标。WRF 模型提供多个物理参数化方案，用于模拟大气中的各种物理过程，如辐射传输、湍流、云微物理和降水等，这种高可配置性使得 WRF 模型适用于各种研究场景。WRF 模型支持用于多尺度模拟的网格嵌套技术，可以在高分辨率的局部区域内进行更精细的模拟，能够更准确地描述复杂地形和地理特征对气象过程的影响。WRF 模型还支持数据同化技术，可以将观测数据与模型模拟结果结合起来，提高模型的准确性和可靠性。数据同化可以应用于初始条件和边界条件，以及对模型参数进行调整等方面，以更好地反映观测数据。

4.3 开放式综合预报系统 OpenIFS

开放式综合预报系统 OpenIFS(Open Integrated Forecasting System)是由欧洲中期天气预报中心 ECMWF(European Centre for Medium-Range Weather Forecasts)开发的一种全球大气环流模型，OpenIFS 是 IFS 的开源版本，提供了与 IFS 相同的预测能力。该模型可用于对气候、天气和空气质量的预报以及对气候的研究。

OpenIFS 同样也包含大气动力学、辐射传输、湍流混合、水汽输送、云的形成和降水等物理过程的多个可选的参数化方案。OpenIFS 模型使用有限差分方法对大气动力学方程进行离散化，采用高分辨率的网格和时间步长，可以提供精细的空间和时间分辨率。该模型还使用高阶水平和垂直插值方案，以提高模拟结果的准确性和空间连续性。OpenIFS 模型结合数据同化技术，利用观测数据对模型的初始条件进行调整，以提高模拟的准确性。OpenIFS 模型同时使用嵌套网格技术，允许在指定区域内进行更高分辨率的模拟，并在其他区域保持相对低的分辨率。OpenIFS 模型还支持集合预报技术，通过在初始条件和物理参数化方案上引入随机扰动，可以生成多个模拟集合，并融合集合成员的预报结果。这种集合预报技术可以提高对不确定性的估计，并改善对极端气候事件的预测能力。

5 预测趋势

5.1 时间趋势

IPCC第六次评估报告(AR6)第一工作组报告对未来全球气候的预估结果进行了评估。首次明确地将基于情景的预估与基于过去模拟增暖的观测约束结合起来,并更新了平衡态气候敏感度和瞬态气候响应的估算,从而得出全球平均表面温度的未来变化,以SSP5-8.5情景下长期预估结果为例,无约束预估的近期、中期和长期相对于1850—1900年的增温幅度分别为1.7℃、2.6℃和4.8℃,而约束后的相应统计数据为1.6℃、2.4℃和4.4℃。

AR6在气候预估情景上新增了一组低排放情景SSP1-1.9,给出了一种理想的"碳达峰、碳中和"目标下的气候变化预估结果。其余SSP1-2.6、SSP2-4.5、SSP3-7.0和SSP5-8.5这4种情景在AR5中都有大致对应的情景,尽管AR6的有效辐射强迫实际要略高于AR5的对应情景。IPCC第五次评估报告将全球模式结果进行集合分析得出,所有经过评估的RCPs排放情景都预估地表温度在21世纪呈上升趋势。在2016—2035年间的全球平均地表温度可能比1986—2005年间升高0.3~0.7℃(中等信度)。相对于1850—1900年,RCP4.5、RCP6.0和RCP8.5情景均预估21世纪末期(2081—2100年)全球地表温度变化可能超过1.5℃(高信度),其中RCP6.0和RCP8.5情景下升温有可能超过2℃(高信度),在RCP4.5情景下多半可能超过2℃(中等信度),但在RCP2.6情景下不太可能超过2℃(中等信度)。根据预估可以发现,变暖在全球是普遍存在的。总体来讲,变暖程度陆地大于海洋,这种现象在早期的模拟中也存在,它主要发生在地表和低层大气中,陆地与海洋变暖的比率可能在1.4~1.7的范围内。北极地区变暖最明显,其高于赤道、南极并且高于全球平均值。对于降水的预估,IPCC第五次评估报告指出,未来降水的变化趋势是不一致的。在RCP8.5情景下,高纬度地区和赤道太平洋地区的年平均降水量可能增加。许多中纬度湿润地区,平均降水量也可能会增加,许多中纬度地区和亚热带干燥地区,平均降水量可能会减少。在大部分中纬度陆地地区和湿润的热带地区,极端降水事件很可能强度更大、频率更高。RCP8.5情景下许多地区降水量的变化能表现出明显的季节特征,最大的降水出现在高纬度地区,冬季和春季50°N以北的陆地上降水量可能增加。

AR6中的低排放情景SSP1-1.9假设的是自2020年开始实施非常强的气候减缓措施(即现在就实现碳达峰)、在2050年左右全球实现CO_2的净零排放(即碳中和)。尽管IPCC报告的评估内容"与政策相关,但无政策指定性",但由于这个情景和世界上多数国家在联合国气候变化框架公约下的减排承诺基本一致,因此,它实际上给出了假定世界各国能够兑现承诺情形下的气候预估结果。结果表明,相较于1850—1900年的平均值,在SSP1-1.9情景下,GSAT的升温很可能在整个21世纪都保持在1.6℃以下,全球变暖可能暂时超过1.5℃,但超出幅度小于0.1℃。相对于无强势减排的SSP3-7.0和SSP5-8.5情景,SSP1-1.9情景下减排措施的成效表现在20年GSAT变化趋势上可能在近期(2021—2040年)就出现,但对于其他气候要素来说,受内部变率的影响,减排的成效在近期内难以呈现,特别是在区域尺度范围内。

AR6给出了全球温度上升达到1.5℃的最新估算。AR6把超过1.5℃阈值的时间定义为全球平均表面气温超过该阈值的首个20年间的中间年份。在除了SSP5-8.5之外的所有情景中,全球温度上升超过1.5℃阈值的时间估计发生在2030—2040年间,这比IPCC《全球升温1.5℃特别报告》中给出的可能的时间范围(2030—2052年)的中值早了大约10年。注意AR6和《全球升温1.5℃特别报告》的估算方法有别,后者的预估是基于"当前的观测变暖速率会持续下去"这一假设进行外推的。比AR6估算的升温阈值到达时间早10年,一方面是因为AR6发现历史变暖比以往的估算要强,另一方面是因为对气候敏感度的估计,大多数预估情景显示预估的近期增暖要比《全球升温1.5℃特别报告》假设的"当前气候"更强(中等信度)。

AR6指出,尽管高增温情景(即全球平均气温升幅超过估计不确定性范围上限的情况)被定义为"极不可能",但其发生的可能性仍不能被完全排除。在SSP1-2.6情景下,高增温情景意味着未来长期(2081—2100年)相对于当前气候(1995—2014年)的增温幅度要超过2℃(高信度)。作为对比,基于传统方法预估的SSP1-2.6情景下GSAT变化的可能范围是0.5~1.5℃。无论何种排放情景,高增温的情景都意味着气候系统诸多方面的变化,均比基于全球平均增温幅度中预估的变化超出50%。

5.2 类型趋势

人类活动增加的温室气体排放是引起全球变暖的主要原因,过去几十年来我们已经观测到了全球变暖,2011—2020年全球地表温度相对于1850—1900年已经高出了1.1℃,其中地表的升温(1.59℃)高于海洋(0.88℃)。温室气体的排放在2010—2021年间仍在持续增加(图1-5-1),预计未来全球气候将进一步变暖,世界气象组织(World Meteorological Organization,WMO)对此警告,随着时间的推移,《巴黎协定》的1.5℃升温限制的可能性将不断增大,如果不作出额外承诺的碳排放行动,将更难限制变暖在2℃以下。

世界气象组织的十年际全球预测结果显示,2023—2027年全球近表面温度将比1850—1900年的平均值高出1.1~1.8℃。预计2023—2027年的全球平均地表温度具有极高的可能性(98%)高于过去5年(2018—2022年),且至少有一年的气温超过有记录以来最热的2016年。

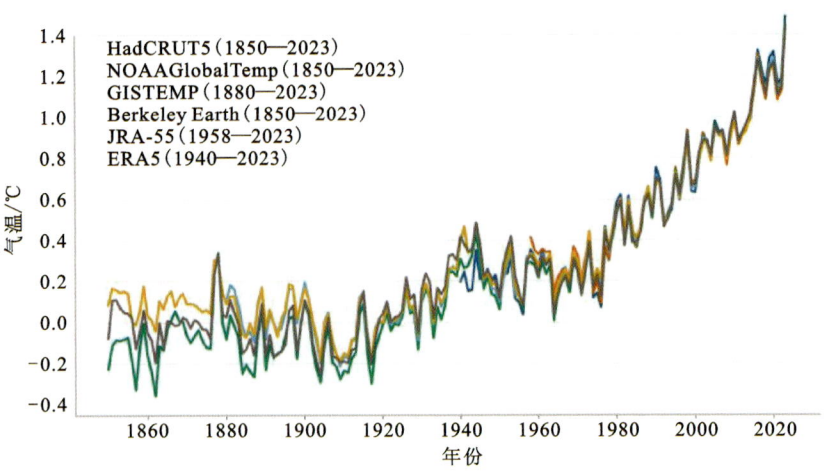

图 1-5-1　2023 年全球气温数据集综合结果（据 WMO,2022）

IPCC 第六次评估报告指出，在几乎所有的温室气体排放情景中，全球变暖都将在近年来加剧，而受不同的温室气体排放量的影响，模拟结果中存在不同的全球变暖趋势。在极低温室气体排放情况（SSP1-1.9）下，二氧化碳排放在 2050 年左右达到净零，到 2041—2060 年的全球平均温度预计将比 1850—1900 年变暖 1.6℃，到 2081—2100 年全球预计变暖 1.4℃（1.0～1.8℃）；中等温室气体排放情况（SSP2-4.5）下 2041—2060 年全球预计变暖 2.0℃，到 2081—2100 年全球预计变暖 2.7℃（2.1～3.5℃）；极高温室气体排放情况（SSP5-8.5）下 2041—2060 年全球预计变暖 2.4℃，到 2081—2100 年全球预计变暖 4.4℃（3.3～5.7℃），详见图 1-5-2。在大多数的温室气体排放情景的模拟中，全球变暖达到 1.5℃ 的最佳估计是在 21 世纪 30 年代前半期。除非在未来几十年内大幅减少二氧化碳和其他温室气体的排放，否则全球变暖幅度将在 21 世纪超过 2℃。一些人工智能预测显示，即使在温室气体到 2076 年迅速降至净零排放的情况下，在 2044—2065 年间气温的升高极有可能达到 2℃。而大气-海洋环流模型（Atmosphere Ocean General Circulation Models，AOGCMs）运行的 3 个未减缓温室气体排放情景下的模拟显示，21 世纪初的全球变暖是非常相近的，与 1980—1999 年相比，2011—2030 年的平均变暖在 0.64～0.69℃ 之间，范围仅为 0.05℃，到 2090—2099 年变暖将在 1.8～3.4℃ 的范围。

全球变暖将加速全球的水循环，气温的上升会引起蒸发率的升高，大气中更多的水蒸气会导致更多的降水。研究表明，全球平均降水将以每摄氏度的速率增加，每升温 1℃，大气含水量增加约 7%（Moon et al.，2020）。预计到 21 世纪末，全球平均年降水量将增加，但降水量和强度的变化会因地区而异，平均降水的强度可能会在热带和高纬度地区显著加强。CMIP6 的模拟显示，自 2000 年以来全球降水量持续增加，预计其上升趋势将持续到 21 世纪末，到 2040 年，SSP2-4.5 和 SSP8-5.8 情景中的降水量将分别增加约 13mm/a 和 20mm/a。

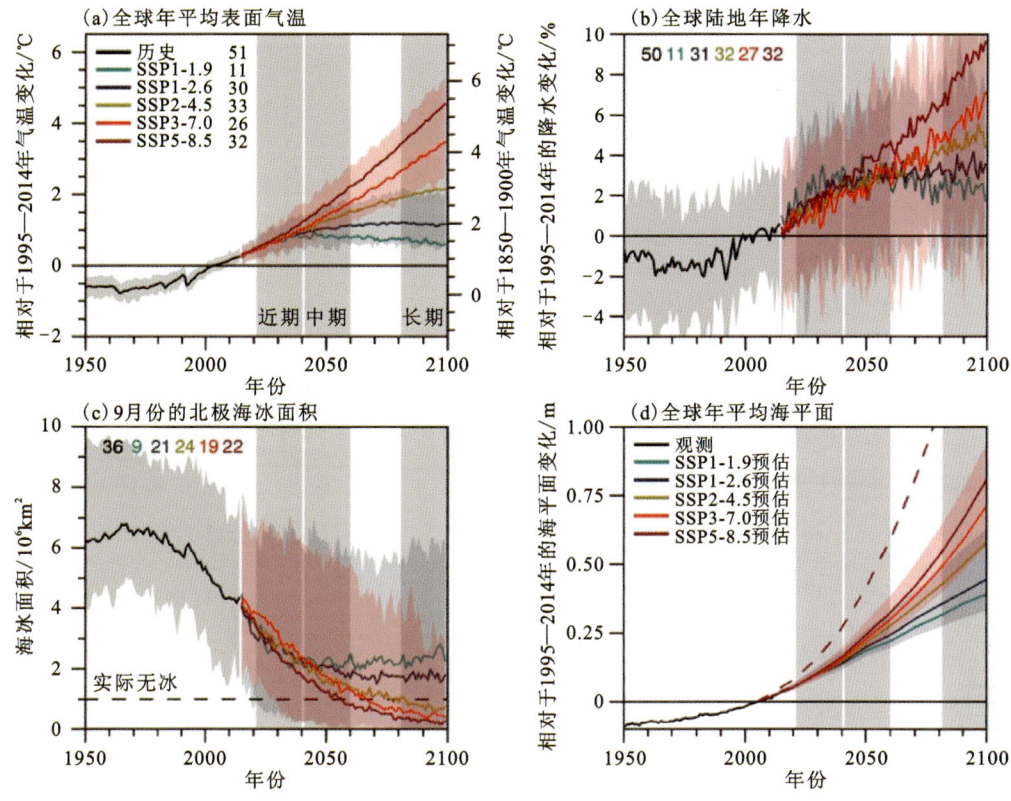

图 1-5-2　基于 CMIP6 的历史模拟和未来预估的试验所关注的全球气候变化的物理指标

(a)图中的全球平均表面气温为相对于 1995—2014 年的变化,如果相对于 1850—1900 年,整体提高 0.82℃。(a)、(b)、(c)图上的数字表示使用的模式个数。SSP1-2.6 和 SSP3-7.0 情景周围的阴影表示 5%~95% 的范围(据 Zhou et al.,2021)

预计在不久的将来,北半球(>50°N)的降水量将普遍增加(Park et al.,2023)。在 CMIP5 的模拟中到 21 世纪末,全球降水的增率在(0.5%~4%)/℃ 之间。

随着全球变暖的加剧,气候的变化将影响到全球的极端天气气候事件,预计全球区域内将经历越来越多的气候变暖驱动的极端天气的同步和多重变化,炎热气候影响驱动因素(如极端高温)增加,寒冷气候影响驱动因素(如极端低温)减少。自第 5 次评估报告发布以来,已观测到的极端气候事件如热浪、强降水、干旱和热带气旋都更加频繁且强烈。CMIP 的预测显示,随着地球气候的变暖,极端降水、高温和干旱事件变得更加极端且具有灾难性,从而导致极端气候的影响不断升级。全球变暖 1.5℃ 时,50 年一遇河流洪水的全球平均概率从 2% 增加到 2.4%,4℃ 时增加到 5.4%,同时变暖和降水的叠加增强在区域上还可能诱导热带风暴的相关增强,并诱导风暴路径向极地移动。随着全球变暖,预计永久冻土的融化和季节性积雪、冰川和北极海冰的损失将进一步扩大。模拟结果显示,气温每升高 1.1℃(2°F),北极海冰的年平均范围将减少约 15%,夏季的北极海冰覆盖的面积就会减少 25%。海水膨胀、融化的冰川和冰盖还将导致全球海平面的上升,到 2100 年,全球海平面还将上升 0.3~1.2m。

5.3 区域趋势

全球气温的变化不会是区域均匀的,多模式的结果显示到 21 世纪末,全球平均气温在陆地的变化将超过海洋变化,其倍数可能在 1.4~1.7 之间,同时北半球包括阿拉斯加、加拿大、北欧和俄罗斯在内的高纬度地区,尤其是北极将是变暖最大的区域。预计到 2040 年,全球升温 1.5℃时,格陵兰岛、阿拉斯加和北亚的年气温将增加 3℃ 以上。而在赤道区域的南亚、非洲东部和西部以及南美洲南部的气温上升相对较低,但这些地区将是异常炎热的天数增加最多的区域,预计极端热浪将最早在这些地区出现,在全球变暖 1.5℃ 时,极端热浪将在这些地区频繁发生(Park et al.,2022)。在 HadGEM3-GC31-LL 气候的模拟中,降水量将在赤道和高纬度地区显著增加,而在中纬度地区降水量预计减少。CMIP6 气候的模拟在相对潮湿的地区,将变得更加湿润,如热带和高纬度地区;而相对干燥的地区,如亚热带地区(世界上大多数沙漠所在的地区)将变得更加干燥。

在全球变暖 1.5℃ 时,预计在非洲、亚洲、北美和欧洲的大多数地区,强降水和洪水事件将加剧并变得更加频繁。在 2℃ 或更高时,这些变化将扩大到更多地区或变得更加显著,预计欧洲、非洲、大洋洲、北美洲、中美洲和南美洲的农业和生态干旱将更加频繁、严重。其他区域的变化包括热带气旋或温带风暴的加强,以及干旱和火灾天气的增加。复合热浪和干旱可能变得更加频繁,包括在多个地点同时发生,而城市化进程将进一步加剧极端高温的出现和强度。在升温 3℃ 的情景下,巴西、中国、埃及和埃塞俄比亚的农业 80% 以上面积预计在任意一个 30 年内遭遇持续超过一年的干旱事件(Price and Warren,2022)。

随着海洋变暖,大西洋飓风的强度可能会增加。气候模型预计发生强度 4 级和 5 级的飓风的频率将会增加,而且由飓风引起的降水也会增强。

对我国而言,CMIP6 的模拟显示,中国大部分地区的降水在 2021—2040 年、2041—2060 年和 2081—2100 年的 3 个模拟时期中都在增加(图 1-5-3,图 1-5-4)。变化显著增加主要出现在中国的西北部,到 21 世纪末进一步扩展到中国北部和东部。减少的变化主要集中在中国湿润和半湿润地区,长江、珠江流域地区将成为干旱风险较高的区域。到 2100 年,中国的温带气候区域预计将扩大,而副极地和高山气候区域预计将显著缩小。

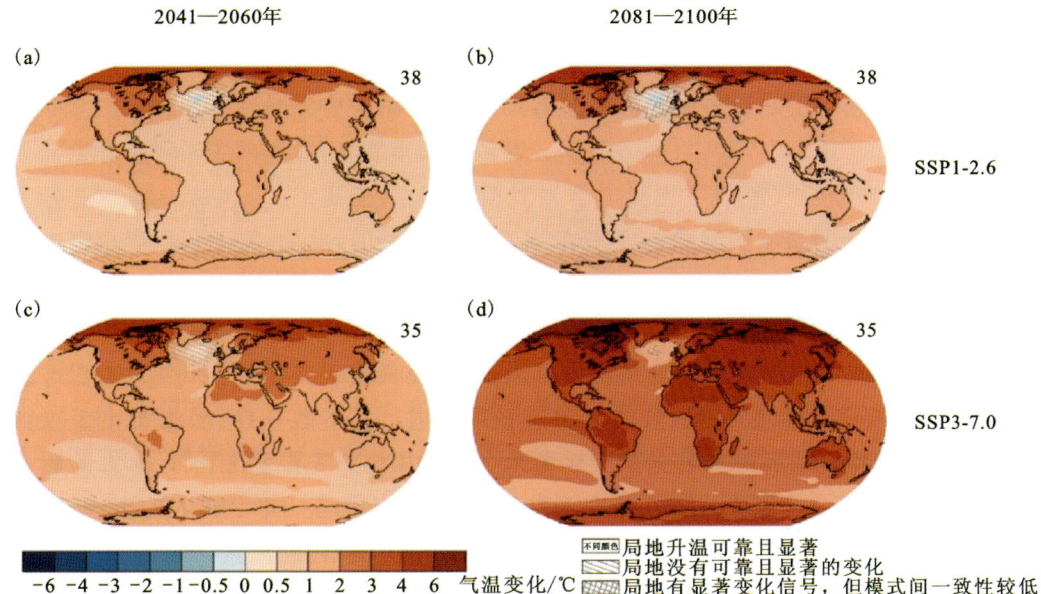

图 1-5-3　中期和长期预估下一年平均地表气温的变化(据 Zhou et al.,2021)

图中全球平均地表气温的变化都是相对于 1995—2014 年的多模式集合平均的空间分布。右上角的数字表示采用的模式个数

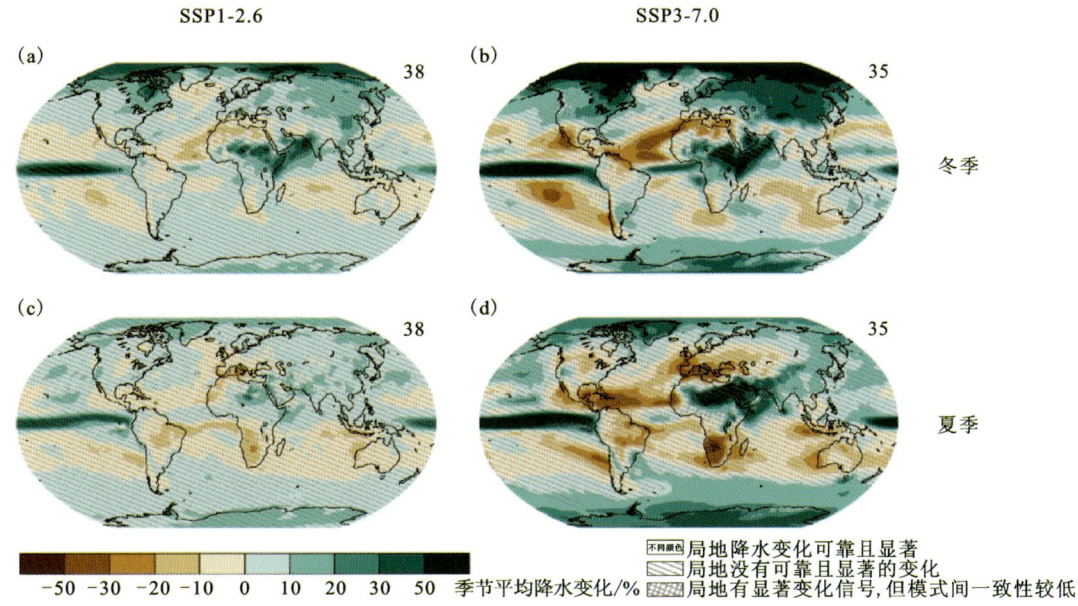

图 1-5-4　长期(2081—2100 年)预估下一季节平均降水的变化(据 Zhou et al.,2021)

图中预估的 2081—2100 年变化是相对于 1995—2014 年,

冬季为 12 月至次年 2 月平均,夏季为 6—8 月平均

6 应用场景

6.1 未来研究方向

由于极端气候事件的发生对社会和生态系统有着严重的破坏性,因此相比于气候平均态的研究,极端气候的预测研究显得更为重要。早期由于计算条件的限制,前人的研究主要集中于气候平均态的模拟。近年来,计算条件的改善及更多高分辨率模式的出现,促使极端气候的模拟预测取得了长足的发展。现有气候模式能够基本再现极端气候事件的演变过程,对未来极端气候事件也具有一定的预测能力。前人对未来极端气候事件的模拟表明,未来全球大部分区域极端气候事件发生的频率及强度都将有所增加,但现今气候模拟领域依然存在需要改进的地方,因此在未来极端气候事件的模拟研究中,要加强以下几方面的研究。

6.1.1 更高分辨率气候模式的应用

水平分辨率的提高能改善模式对海平面气压的模拟,垂直分辨率的提高可以改善模式模拟的地面气温和低层环流。现今极端气候模拟采用模式分辨率基本都高于10km(Mizuta et al.,2005;Gao and Giorgi,2008;Shi et al.,2011),未来极端气候模拟应朝着更高分辨率的模式方向发展,以期取得更多实质性进展。

6.1.2 对东亚季风区的极端气候事件模拟

东亚季风区是全球变率较大的地区之一,频繁的季风活动对此区域气候变化会产生较大影响,因此很多模式都不能很好地模拟出东亚季风区的极端气候事件,且针对此区域的极端气候事件的模拟研究仍然偏少。有学者针对如何有效提高模式对东亚季风区气候模拟的效果进行了研究,认为直接利用海气耦合模式进行预测可能是提高东亚地区气候预测水平的重要途径。秦正坤等(2007)也利用海气耦合模式SIN TEX-F评估了该模式对东亚区域极端气候的预测潜力,指出模式对于中国东部的强降水和高温的模拟明显偏弱。尽管许多研究都肯定了各种模式对东亚季风区极端气候事件的模拟能力,但是很多工作尚处于仅得到初步结果的水平上,并未对该模拟结果进行详细的原因分析。因此下一步需要对模拟偏差进行更加深入的分析,并加强对东亚季风区的极端气候事件的模拟研究,逐步厘清此区域极端气候事件的发生机理,为气候预测提供科学依据。

6.1.3 以土地覆盖状况和土壤湿度作强迫因子的极端事件模拟研究

人类活动会对极端气候事件的发生产生较大影响,与温室气体一样,土地覆盖状况和土壤湿度也会对极端事件的模拟产生一定影响。目前关于温室气体强迫效应的研究很多,可是缺乏以土地覆盖状况和土壤湿度作强迫因子的极端事件模拟研究。刘永强等(1992)通过一个垂直一维大气-土壤植被耦合模式进行了土壤湿度和植被状况影响短期气候异常持续性的数值试验,证明土壤水状况及与之有关的地、气水分和热量交换在短期气候异常持续的过程中起着主导作用。另有学者在陆面覆盖状况对区域气候的影响方面进行研究,更有学者发现极端气候事件对植被大气反馈作用的响应大小与对 CO_2 浓度倍增时辐射强迫的响应大小相当。胡娅敏等(2009)研究了土壤湿度对气温和降水模拟的影响,发现区域气候模式模拟的气温偏低及降水偏少与陆面过程中土壤湿度的处理存在较密切关系。但全球许多地区仍然缺乏相关方面研究,因此,加强以土地覆盖状况和土壤湿度做强迫因子的极端事件模拟研究是未来极端气候模拟的重要方面。

6.1.4 多模式联用

尽管目前利用全球气候系统模式以及各种降尺度方法来研究我国区域气候(极端气候)变化,已经取得了很大的进展。但是,由于气候系统的内部自然变率、排放情景和耦合模式结构与参数化方案各异这 3 种不确定性的存在,未来气候预测需要利用多个全球模式,采用等权、加权相结合,辅以各种动力。统计降尺度方法,降低不确定性,尽可能得到未来预测结果的最优评估。有学者曾采用 10 个 RCM 模式对极端事件进行了模拟,但是相对于气候平均态,不同的模式对极端气候的模拟差异很大(Kiellstrm et al.,2007)。对产生这种结果的原因分析的研究相对较少,今后应加强这方面的研究工作,逐步弄清模拟各种极端气候事件的最佳模式,同时联合使用其他模式作辅助研究。另外,由于不同地区极端气候发生的频率和强度也不一样,因此在寻找模拟极端气候事件的最佳模式时要考虑到地区问题。总之,多模式的联用将相互弥补各模式的不足,使极端气候事件的模拟及预测更趋向于实际情况。此外,也有许多学者利用传统统计方法对气候变化进行研究,但缺乏关于极端气候事件的传统统计方法和数值模拟相结合的研究,如何有效地将这两种方法结合起来,也是未来极端气候研究的重要方向。

6.1.5 政府相关部门政策制定

目前国际针对极端气候事件的研究,主要集中于对极端气候事件的模拟验证和预测方面,而对未来极端气候模拟与政策相结合的研究相对较少。极端气候事件的研究意义,不仅仅在于重现过去极端气候事件的演变过程,更在于对未来极端气候事件的预测,从而尽早采取有效措施预防极端气候事件带来的灾难性损失或者降低极端气候事件的强度。因此,极端气候事件的对策研究与模拟预测同样重要,未来应加强这方面的研究,以找到有效预防措施,为农业生产等提供有效建议。

6.2 我国研究的发展策略

当前,全球气候变暖正在加速演进,气候变化对我国的影响非常深远,气候系统受气候变化影响,变得更加不稳定。近年来,我国极端气候事件也呈现出发生频率高、影响范围广、致灾性强的特点。未来我国不同地区平均气温仍然表现出增加趋势,未来极端高温事件将会更加频繁、更加严重,且排放情景越高,增速越快,强度越强,风险也越大。在全球气候变化大背景下,干旱、洪涝、高温热浪和低温冷害等极端气候事件对全球自然生态系统产生了明显影响,对人类社会生存与发展构成了严重挑战。近年来,极端气候事件在多个国家不断发生。近50年以来,我国极端气候重要事件发生的频率和强度也出现了趋多、趋强的明显变化。同时,我国幅员辽阔,气候条件复杂、生态环境脆弱,易受极端气候事件的不利影响。同时,我国又是一个发展中国家,人口众多,经济发展不平衡,防灾减灾能力不强。极端气候事件已经对经济社会发展构成了巨大威胁,主要体现在干旱、洪涝、风暴潮、低温冷害和高温热浪等灾害,影响到水利、农牧业、林业、交通和能源等行业,对于生态脆弱地区和沿海地区的影响尤为显著。应对极端气候事件已经成为我国当前面临的十分迫切和严峻的任务。

6.2.1 综合反馈过程研究、数据勘测和古气候记录等,提高气候预测精准度

相对于极端事件的观测研究、模拟与预估,极端事件的气候预测问题受到关注的时间明显偏晚。未来极端气候事件预测问题被关注的程度以及所达到的水平还十分有限。传统的气候预测研究主要对象是月和季节的平均气温状况,通过对平均气温异常的预测,可以对极端事件的发生有一定程度的展望。这方面的研究国内有丰富的积累。21世纪初以来,陆续出现了一些专门针对极端事件的气候预测研究。归纳起来,这些研究可分为统计方法、动力方法和动力统计相结合方法3个方面。

(1) 统计方法即利用历史观测数据,应用各种统计方法建立预报量与预报因子之间的转换函数,预测诸如强降水日数、高温日数、低温日数等极端气候要素。转换函数包括线性回归、非线性回归、人工神经网络(ANN)、典型相关分析(canonical correlation analysis, CCA)或主成分分析(principal component analysis, PCA)等。预报因子多采用大尺度环流因子或环流特征量。如中国一些学者或业务人员提出的应用均生函数——最优子集回归方法、简单回归模型、混合回归模型对我国部分城市或地区夏季高温日数的预测,应用物理量相似合成方法预测中国月高温日数分布;应用热带大气低频振荡(Madden-Julian Oscillation, MJO)的实时多变量指标预测澳大利亚极端降水概率。但统计方法所建立的预报对象和预报因子之间多是统计关系,动力学意义不足,往往历史拟合率较高,但预报准确率有限且不稳定。在使用时最好结合预报经验和相关大尺度环流影响因子的分布形态与特

征给出最终预测意见,如一些地区的极端气候与气候模态相关,如厄尔尼诺-南方涛动现象、北大西洋涛动、北太平洋涛动等。柯宗建等(2010)以前期500hPa高度场为预报因子,结合最优子集回归(optimal subsets regression,OSR)方法建立了对秋季中国区域干旱日数的回归预报模型,达到了良好的预测效果。研究表明:OSR预报方法对秋季中国区域的干旱日数具有较高的预报技巧,中国东部地区整体预报水平高于西部地区。对于秋季华西洪涝站数与华南干旱站数,OSR方法也体现出较强的预报能力。

(2) 动力方法即首先利用大气模式或海气耦合模式的回报序列,统计所预报的极端气候变量阈值,然后根据气候模式数值模拟结果,预报极端气候的强度、发生概率或频次。如美国国际气候研究所应用两步法(two-tiered)多模式动力预测系统预测季节极端气温与降水概率,欧洲中期天气预报中心应用多模式集合预测制作发布不同地区极端气温、降水和海平面气压概率分布图,国家气候中心应用月动力气候模式(DERF)预测旬、月10%极端高温落区与高温日数概率预测产品。随着气候模式的不断发展与完善,其预测水平将逐步得到提高,预测产品也不断丰富。

(3) 动力统计相结合的方法,即采用模式输出统计预报的使用方法,近年统计方法进一步发展,如与随机天气发生器(statistic weather generator,WG)结合进行极端气候变量的预测。国家气候中心采用月动力延伸气候预测模式(DERF)与最优子集回归(OSR)——WG综合方法预测旬、月35℃(和38℃)高温日数、暖昼日数、冷昼日数、暖夜日数、冷夜日数、极端强降水日数。该方法既能够充分利用预测技巧较高的模式输出信息,又兼具统计降尺度的优点,还可以预测模式不直接输出的气候变量。

6.2.2 改进模式、提升中国模式对关键气候反馈过程的合理刻画能力

气候预测一直是全世界气象学家共同面临的科学难题,而极端气候事件的预测尤其困难。目前对极端气候事件的监测和预测业务能力非常有限,对于极端气候事件变化规律和形成机理仍然不清楚。因此,在今后一段时间内首先要研究极端气候事件的统计特征的变化规律,其发生的频率和强度的季节、年际和年代际变化特点是什么;其次影响极端气候事件的主要因子有哪些,影响极端气候事件的前兆因子是否也具有极端性的特点,各个影响因子相互关系对极端气候事件的作用是否具有一致性,极端气候事件的可预报性如何,这些问题是预测极端气候事件的科学基础。因此,需要从人与自然和谐可持续发展、科学决策与规划的需求出发,从科学层面加强对极端天气气候事件的监测和预警研究,从全球变暖和气候年代际变率的角度来综合认识理解我国极端天气气候事件发生频率、强度和空间分布的变化规律,有可能大大提高我国对极端气候事件的预测与预警能力,最终提升我国减灾防灾的能力。

虽然我国的气候预测业务有久远的历史,但专门性的针对极端事件的预测却刚刚起步。目前主要有两类,一是完全基于物理统计方法,如BP-CCA和OSR方法等。后者主要是面向月、季时间尺度。二是基于国家气候中心月动力延伸预报模式(DERF),并参考干旱的持续性,综合得到未来旬、月的干旱预测。刘绿柳等(2008)基于DERF模式,应用一步法和两

步法两种统计降尺度方法预测极端降水日数。其中一步法以极端降水日数为预报量,两步法首先预报降水距平百分率再以此作为控制条件计算极端降水日数。交叉检验结果表明,两种方法均优于随机预测,冬季两步法预测技巧略高于一步法,夏季一步法略优于两步法。因此综合认为 OSR、OSR 结合 WG 两种统计降尺度方法对月尺度降水或极端降水日数的预测均具有较高的判断,可作为短期气候预测的重要参考信息。对于极端高温,刘绿柳等(2008)以百分位相对阈值和 35℃、38℃绝对阈值作为高温阈值指标,应用月动力预测模式、动力预测与统计降尺度相结合、物理统计相似 3 种不同的方法,预测未来 1~40d 的旬、月极端高温发生概率及高温日数。对 2007 年 7 月极端高温预测个例的分析结果表明,3 种方法均有一定的预测方法。

6.2.3 编制实施国家适应气候变化战略,提高我国在气候预测科学领域的原始创新能力

积极应对气候变化是中国实现可持续发展的内在要求,也是推动构建人类命运共同体的责任担当。中国将应对气候变化作为国家战略,融入生态文明建设整体布局和经济社会发展全局,把系统观念贯穿碳达峰、碳中和工作全过程,加强顶层设计。2021 年 10 月,中国正式提交《中国落实国家自主贡献成效和新目标新举措》和《中国本世纪中叶长期温室气体低排放发展战略》。这是中国履行《巴黎协定》的具体举措,体现了中国推动绿色低碳发展、积极应对全球气候变化的决心和努力。

我国一贯坚持减缓和适应气候变化并重,推进和实施适应气候变化重大战略。2022 年 6 月,中国发布《国家适应气候变化战略 2035》,提出新时期中国适应气候变化工作的指导思想、主要目标和基本原则,依据各领域、区域对气候变化不利影响和风险的暴露度和脆弱性,划分自然生态系统和经济社会系统两个维度,明确了水资源、陆地生态系统、海洋与海岸带、农业与粮食安全、健康与公共卫生、基础设施与重大工程、城市人居环境、敏感二、三产业等重点领域,多层面构建适应气候变化区域格局,将适应气候变化与国土空间规划结合,提出覆盖全国八大区域和京津冀、长江经济带、粤港澳大湾区、长江三角洲、黄河流域等重大战略区域的适应气候变化行动,并进一步健全保障措施,为适应气候变化工作提供了重要指导和依据。从政府层面来说,我国政府一直在加强防灾减灾、应急管理等多方面的能力建设以应对气候变化。从公众角度来说,我们也要提高自身的防灾减灾和应对气候变化的认知。

第2篇

未来极端气候政策建议

近百年来,受人类活动和自然因素的共同影响,世界正经历着以全球变暖为显著特征的气候变化。国际社会已日益认识到极端气候对人类当代及未来生存与发展造成的严重威胁和挑战,采取积极措施应对气候变化已成为全球共识。

我国位于全球气候敏感区,易受气候变化不利影响。随着全球气候进一步变暖,气候变化带来的长期不利影响和突发极端事件,对我国经济社会发展和人民生产生活安全造成的威胁将日益严重。应对极端气候,事关中华民族永续发展,关乎人类前途命运。

本篇基于全球背景展望未来气候变化,全球尤其是中国地区未来极端天气气候事件将会呈现增多、增强趋势。笔者对极端气候带来的影响与政府减缓和适应气候变化的政策体系做出了整理研究,并结合我国面对气候变化的机遇与挑战做出如下综述及政策建议。

1　背景概述

全球变暖正在加速演进,气候系统不稳定增加,极端天气气候事件发生的频率和强度不断上升,气候变化已成为21世纪人类生存和发展面临的重大挑战。全球气候变暖正在加速演进,政府间气候变化专门委员会第六次评估报告(IPCC AR6)第一工作组报告指出,2011—2020年全球平均气温相比工业化前(1850—1900年)上升了1.1℃(0.95～1.20℃),2001—2020年的20年间全球平均气温较工业化前增暖了0.99℃。自1970年以来,全球地表温度的上升速度超过了过去2000年以来的任何其他50年周期(IPCC,2023)。2024年3月,世界气象组织发布的《2023年全球气候状况》报告指出,2023年是有记录以来最热的一年,全球平均气温较工业化前水平高出1.45±0.12℃,进一步逼近甚至超过《巴黎协定》所设立的1.5℃温控目标(WMO,2023)。并且这种全球性的气候变暖已经影响到全球各个区域的许多极端天气和气候,已观测到的极端气候事件如热浪、特大暴雨、干旱和热带气旋等发生的频率和强度出现了增强的趋势。自20世纪50年代以来,极端高温事件(如热浪)在大多数陆地区域变得更加频繁和强烈,而极端寒冷事件(如寒潮)出现的频率降低、强度减弱。

极端气候的变化严重影响着人类社会、陆地生态系统、水圈、冰冻圈以及沿海和海洋生态系统。气候变化影响的程度和幅度超出了以往的评估估计,洪涝干旱、高温热浪、低温寒潮、台风、风暴潮,影响着粮食、水资源安全;强暴雨和洪水可能导致道路、桥梁和建筑物的破坏,影响交通和基础设施的运行;沿海海平面上升,海洋和海岸带生态系统受到严重威胁;生态环境破坏,或将导致物种灭绝和生物多样性的丧失。受全球变暖的影响,在评估的全球物种中,大约有一半已经向两极或更高的海拔转移,冰川和永久冻土融化导致两极生态系统的变化。

中国幅员辽阔,气候类型、生态环境复杂多样,是全球气候变化的敏感区和影响显著区之一(中国气象局,2018)。自20世纪中叶以来,中国区域升温率明显高于同期全球平均水平,极端气候事件发生的概率和强度出现了明显增加、增强的趋势,对中国的经济社会发展、生态平衡及安全构成了巨大威胁。2022年我国地表平均气温较常年值(1981—2010年)偏高0.92℃,为20世纪初以来的3个最暖年份之一。根据国家气候中心研究数据,2023年,我国区域性极端强降水、大范围极端高温热浪、持续性极端骤旱、高影响极端寒潮等事件发生频率增加;极端天气呈现出极端性强、破坏性强、反常性强的特点;时空尺度上非典型的极端天气接连发生,气候变化突破了季风气候的规律性;极端天气呈现快速转换趋势,旱涝急转、冷暖急转等异常现象频繁发生;复合型气象灾害接踵而来,局地性、突发性、灾难性事件趋多。2023年气候变化绿皮书指出,气候的进一步变暖将加剧中国区域性气候风险。未来我国高温、干旱、暴雨洪涝、强台风等极端气候事件频发,风险增加的地区几乎全部位于我国东部人口、经济稠密地区,社会暴露度高、生态脆弱性大,经济社会安全受极端气候事件影响加重。

1.1 极端气候概念界定

极端事件是极端天气气候事件的简称,包括极端天气事件与极端气候事件。极端天气事件是指发生概率很低的事件,通常发生概率只占该类天气现象的10%或者更低。极端气候事件是指在某个时期内,大量极端天气事件的平均状况,其平均状态相对于该类天气现象的气候平均态也是极端的。此外,一些在很小的时空尺度内观测到的并不极端的天气气候状态或事件,如果在时间上连续发生,或在空间上同时发生,有时也被称为极端事件。

在 IPCC SREX 报告中,将极端事件分为3类:一是能够利用天气气候变量直接判定的极端事件,如温度、降水、风速等;二是能够影响天气气候变量的极端性或者其本身就具有极端性的天气气候现象,如季风、厄尔尼诺和其他变率模态、热带气旋和温带气旋等;三是能够对自然环境产生重大影响的极端事件,如干旱、洪水、极端海平面、影响海岸带的事件、滑坡、沙尘暴等。

极端事件一般具有3个特征:一是发生概率小;二是强度大;三是有较大的经济社会影响。极端事件的这些特点,特别是其对经济社会造成的严重影响,使其受到科学家、决策者和社会公众的广泛关注。在已有的研究中,按照极端天气气候事件的性质、指标、要素、影响程度等,从不同的角度对极端天气气候事件进行了分类。不同的分类方法对评估会产生一定的影响,而且在不同类别极端天气气候事件研究成果的数量和质量方面,也存在比较大的差别。为此,CSREX 报告综合考虑上述分类方法,在具体评估过程中,把极端气候事件主要分为单要素极端天气气候事件和多要素极端天气气候事件两类(翟盘茂和刘静,2012)。

1.2 极端气候的影响与风险

全球气候变化深刻影响人类生存和发展,是各国共同面临的重大挑战。中国是易受气候变化不利影响的国家之一,极端气候变化对中国自然生态系统和经济社会发展带来了现实的威胁,深度触及农业和粮食安全、水资源安全、能源安全、生态安全、公共卫生安全,应对气候变化和防灾减灾已成为我国经济社会发展战略的重要组成部分。

1.2.1 对自然环境的影响

1. 对水资源的影响

极端气候变化对全球水资源造成了广泛而深远的影响,涵盖了淡水资源短缺、降水模式变化、冰川融化、积雪减少、海平面上升、盐碱化等多方面,改变着世界各地水资源的分布状况,对全球水资源的供应和安全造成了重大的风险。

1)淡水资源短缺

在过去 100 年中,全球用水量增长了 6 倍,并且由于人口增加、经济发展和消费方式转变等因素,全球用水量仍以每年约 1% 的速度增长。在供水不稳定性和不确定性的加持下,极端气候变化加剧了淡水资源供应不足的问题,气温升高导致蒸发率增加,使得长期干旱变得更加频繁,导致河流、湖泊和水库干涸,而地下水枯竭进一步加剧了淡水资源的短缺。

2)降水变化

气候变化下更频繁和更恶劣的高温干旱,极端强降雨、雷暴和风暴潮等事件的出现,导致降水模式的变化。强烈的降雨,更容易引起洪涝灾害、土壤侵蚀;降雨的减少,又会导致长期的干旱。

3)冰川融化和积雪减少

气候变化引起冰层变化也很普遍,导致全球冰雪覆盖减少。很可能在整个 21 世纪期间,几乎所有地区的积雪、冰川和永久冻土都将继续减少。冰川加速融化预计将对山区及其相邻低地的水资源产生不利影响,其中热带山区最为脆弱。尽管冰川的加速融化可能会暂时在局部地区导致流量增加,但冰川覆盖的减少往往会使河流流量持续变化,导致基流长期减少,流量峰值季节性变化(石月洪,2024)。

4)水资源污染

世界淡水资源正日益受到有机废物、病原体、肥料、农药、重金属以及新型污染物的污染。城市和工业废水排放量增加、农业(包括畜牧业)的集约化以及径流和水提取量的减少导致河流稀释能力降低,有机物造成的水污染日益严重。水体富营养化是全球范围内普遍存在的一种现象,原因是废水和农业径流管理不力,从而导致地表水中含有人为释放的丰富的营养物质。由于水与卫生设施不安全,病原体污染是发展中国家最普遍的水质问题。新型污染物对发达国家和发展中国家的水质构成了新的全球挑战,对人类健康和生态系统构成了严重的潜在威胁。

2. 对陆地生态系统的影响

湖泊、河流和植被湿地等与水有关的生态系统是世界上生物多样性最丰富的环境之一。受极端气候变化的影响,许多生态系统正在受到威胁,特别是森林和湿地。在极端气候频率和强度的增加变化下,植被覆盖、生产力、物候或优势种群已经发生变化,导致生态系统结构、组成和功能遭到破坏,加大了生态系统的脆弱性。高温干旱导致植被生长下降,显著降低了植被的生产力,持续性严重干旱甚至会造成植被大面积死亡,加剧土地荒漠化,导致生态系统的衰退或崩溃;强降雨的增多、增强,洪涝灾害风险上升,流经河流系统和来自沿海风暴潮的水流的变化也有可能会毁掉许多湿地,导致这些湿地目前所提供的过滤、缓冲和碳封存服务丧失。极端气候变化是生物多样性受损的主要原因之一,包括对物种的地理分布格局、基因多样性、物种多样性和生态系统多样性的影响等。极端气候的变化加剧了生物栖息地的丧失、破碎化以及退化,甚至向高纬度、高海拔地区移动,使部分物种的分布区缩小或破坏。极端气候变化也引起了物种的种群特征变化,加大了对环境变化适应能力有限的物种灭绝的风险,造成种群数量减少、地方特有物种消失等。

3. 对海岸带的影响

极端气候变化下,海水温度升高、海平面上升、海洋酸度变大等对全球海洋和海岸带生态系统的健康以及沿海地区经济社会的可持续发展构成了严重的威胁(蔡榕硕等,2020)。气候变暖背景下,全球平均海平面持续加速上升,自19世纪中叶以来,全球海平面上升了大约20cm,未来几十年,全球海平面上升的速度将进一步加快。海平面的上升,使沿海地区不得不面对越来越频繁的强台风、风暴潮等极端气候事件,遭受越来越多的洪涝、极端潮位、海岸侵蚀和土地盐碱化等灾害。海洋变暖和海水酸化改变了海洋的物候,并影响生物生长发育的规律,导致海洋物种组成和地理分布发生变化,加剧海洋生态灾害的暴发(谭红建等,2022)。

气候变化导致海洋生态系统结构、功能和发展以及多样性等发生改变。全球变暖导致海水温度上升,使珊瑚白化现象出现的频率加快、规模更大。世界气象组织特别报告指出,因为气候变化,全球99%的珊瑚礁很可能在本世纪末前消失。

1.2.2 对经济社会的影响

1) 对农业与粮食安全的影响

受全球气候变暖影响,极端干旱、洪涝等灾害性天气频发,加剧了全球水资源短缺和粮食危机。自20世纪中叶以来,全世界200余条主要河流中约有1/3的径流量明显减小,小麦和玉米平均每10年分别减产1.9%和1.2%。2021年,受极端气温和洪水影响,巴西咖啡、比利时土豆和加拿大黄豌豆等农产品价格大幅上涨。

IPCC第六次评估报告指出,更频繁的热浪、干旱和洪水灾害已超过一些动植物的承受极限,对全球农业与粮食安全造成了重大影响。联合国政府间气候变化专门委员会发布报告指出,近几十年由于极端气候事件,全球平均每年损失约10%的谷物产量。全球升温2℃可能引发粮食危机,热带和亚热带地区受影响程度最大。在撒哈拉以南的非洲地区,干旱极大地降低了粮食产量,引发严重的粮食危机,降水减少、温度升高也导致病虫害问题加重。2020年初以来,受干旱等影响,从非洲到南亚,沙漠蝗虫侵袭全球多地,并对多国的农业生产造成不可挽回的损失。同时,全球粮食种植、仓储、加工和运输等全生产环节,因为气候变化的影响,面临的风险进一步加大。

中国是世界上最大的农业国之一,农业对于国家的经济和粮食安全至关重要(苏芳等,2022)。在极端气候变化风险愈发加剧的当下,我国农业与粮食安全问题更加凸显。2008年低温雨雪冰冻灾害造成约1400万hm^2($1hm^2=0.01km^2$)农作物受灾;2021年河南"7·20"特大暴雨造成多地玉米等作物绝收;2022年夏天我国长江流域多地遭遇超强高温、干旱天气,持续高温干旱使长江流域的玉米、水稻等农作物生产受到严重影响,农作物受灾面积609.02万hm^2。气候变暖也导致我国病虫害发生区域向高纬度、高海拔地区扩展,作物发育期提前、生长周期变短,作物产量和品质降低,气候波动增加,农业生产的不稳定性越来越高,粮食生产面临的风险加大。

2.3 增强适应气候变化能力

对于气候变化的适应能力涵盖在气候变化前的预测研究和监测、气候变化后的风险管理和救灾措施、提高自然和经济社会对气候变化的适应能力以及针对关键脆弱区域的具体修整。

气候预警预测研究涉及海洋、陆地、大气、冰冻圈、生物圈等多圈层的相互作用,我们要完善对多圈层间相互作用关系的理解,建立"天—空—地"一体化的自然灾害综合风险监测预警系统,提升气候系统监测分析能力,提高精准预报预测水平,强化自然灾害风险监测、调查和评估,完善自然灾害监测预警预报和综合风险防范体系。

强化灾害风险管理理念,坚持以防为主、防抗救相结合,坚持常态减灾和非常态救灾相统一,努力实现从注重灾后救助向注重灾前预防转变、从应对单一灾种向综合减灾转变、从减少灾害损失向减轻灾害风险转变,同时完善联动机制、响应机制,不断优化灾害应急响应救援扁平化组织指挥模式、防范救援救灾一体化运作模式,全面提升国家消防救援队的专业性和职业化水平,加强对新技术的研发和应用。

构建水资源及洪涝干旱灾害智能化监测体系,推进"天—空—地"一体化的流域全覆盖监测,提高水安全保障智慧化水平,提高水资源的利用效率,强化对大江大河大湖生态保护和治理能力,协同推进受损河湖生态修复和地下水超采治理工作,科学治理水土流失,提高全国水土保持率和重点河湖生态流量。

统筹陆地和海洋适应气候变化工作,在陆地上加强典型生态系统保护与退化生态系统恢复,努力转变草原畜牧业生产方式,修复退化草原,建立荒漠化、水土流失、石漠化等退化生态系统的恢复治理技术体系,提高森林覆盖率和草原综合植被覆盖率。对于海洋,我们要完善海洋灾害观测预警与评估体系,同时提高海岸带及沿岸地区防灾御灾能力,加强对海平面上升幅度监测,保护、恢复沿海生态系统,持续改善海洋生态环境质量。

加强农业应变减灾工作体系,针对极端气候导致农业灾害发生与危害的新特点,健全灾害监测预警和响应机制,完善灾害诊断技术与标准,增强农业生态系统气候韧性,建立适应气候变化的粮食安全保障体系。加强气候敏感疾病的监测预警及防控,完善气候敏感疾病和人兽共患病的监测网络和数据报告系统,同时增强医疗卫生系统气候韧性,建立针对气候敏感疾病的分级分层急救、治疗、护理与康复网络。

构建适应气候变化区域格局,全面提升农产品主产区、重点生态功能区、城市化地区等不同主体功能区的适应能力,增强国土安全韧性,开展区域气候风险评估、示范区建设、重点示范工程布局与建设,将京津冀协同发展、长江经济带、粤港澳大湾区建设、长三角一体化、黄河流域生态保护和高质量发展等国家重大区域同适应气候变化战略结合在一起,形成区域协同适应格局。

3 完善政策体系和强化支撑保障

党中央、国务院高度重视应对气候变化工作,采取了一系列积极的政策行动,成立了国家应对气候变化领导小组和相关工作机构,积极建设性参与国际谈判,编制并实施《中国应对气候变化国家方案》《"十四五"控制温室气体排放工作方案》和《国家适应气候变化战略》,加快推进产业结构和能源结构调整,大力开展节能减碳和生态建设,积极推动低碳试点示范,加强应对气候变化能力建设,努力提高全社会应对气候变化意识,应对气候变化各项工作取得积极进展。同时应认识到,我国应对气候变化工作基础还相对薄弱,相关法律法规、体制机制、政策体系、标准规范还不健全,相关财税、投资、价格、金融等政策机制需要进一步创新,市场化机制需要进一步强化,统计核算等能力建设亟须加强,气候友好技术研发和推广应用能力需要进一步提高,人才队伍建设相对滞后,全社会应对气候变化的认识水平和能力亟待提高。当前是我国大力推进生态文明建设、转变经济发展方式、促进绿色低碳发展的重要战略机遇期,应对气候变化工作面临新形势、新任务和新要求。

从国际看,国际社会已就控制全球气温升高不超过2℃达成政治共识,并将进一步强化全球应对气候变化行动安排。同时,绿色低碳发展逐渐成为全球经济发展的方向和潮流,绿色低碳产业成为科技竞争的关键领域。各国都在加快制定绿色低碳发展战略和政策。从国内看,改革开放以来,我国经济社会发展取得了举世瞩目的成就,但由于经济发展方式粗放,能源消费结构不合理,单位国内生产总值能耗水平偏高,资源环境瓶颈制约不断加剧。当前,我国仍处在工业化、城镇化进程中,加快推进绿色低碳发展,有效控制温室气体排放,已成为我国转变经济发展方式、大力推进生态文明建设的内在要求。同时,气候变化对城市建设、农业、林业、水资源等影响加剧,气候灾害频发,也迫切需要采取积极的适应行动。

我国经济社会发展新阶段、新态势和国际发展潮流,对应对气候变化工作提出了新的要求,把积极应对气候变化作为国家重大战略。统筹国内国际两个大局,统筹当前利益和长远发展,实施积极应对气候变化国家战略,明确应对气候变化在经济社会发展中的定位、政策框架和制度安排,努力形成全社会积极应对气候变化的整体合力,促进发展方式转变和经济结构调整,推动经济社会可持续发展。把积极应对气候变化作为生态文明建设的重大举措。以应对气候变化为契机,大幅降低碳排放强度,形成绿色低碳发展的倒逼机制;根据适应气候变化的需要,提高城乡建设,以及农业、林业、水资源等重点领域和脆弱地区适应气候变化的能力,切实提高防灾减灾水平,充分发挥应对气候变化对相关工作的引领作用。按照绿色低碳发展和控制温室气体排放行动目标的要求,统筹推进调整产业结构、优化能源结构、提高节能能效、增加碳汇等工作;发挥应对气候变化工作对节能、非化石能源发展、生态建设、环境保护、防灾减灾等工作的引领作用。

3.1 进一步搭建气候变化政策体系

3.1.1 积极推动立法和标准制定与完善

加快推动应对气候变化相关立法,研究构建应对气候变化法律框架;开展温室气体管控纳入建设项目环评的专题论证,研究环境影响评价法的修法建议;修订发布《规划环境影响评价技术导则》,制定以减污降碳为目标的评价要求;积极推进《碳排放权交易管理暂行条例》立法进程,努力完善全国碳市场的立法保障;引导和推动地方制定相关地方性法规。

3.1.2 积极稳妥推进全国碳排放权交易市场建设

我国推动全国碳排放权交易市场于2021年7月16日正式启动上线交易。目前我国已成为全球覆盖排放量规模最大的碳市场。地方试点碳市场运行平稳,北京、天津、上海、重庆、广东、湖北和深圳7省(市)碳市场需进一步推进。持续推进全国碳市场制度体系建设,构建由部门规章、规范性文件、技术规范等组成的全国碳市场制度体系,建立碳排放权登记、交易、结算、企业温室气体排放核算报告核查等配套制度。同时还需加快修订《温室气体自愿减排交易管理办法(试行)》及相关配套技术规范,对全国碳市场运行的各个环节和相关方权责进行相应规定,为全国碳市场的建设、运行和监管提供依据。同时还应组织专门力量开展发电行业控排企业碳排放报告质量专项监督帮扶,严查严控严罚弄虚作假行为。

3.1.3 进一步加强温室气体统计核算监测体系建设

成立碳排放统计核算工作组,建立涵盖国家、地方、行业、企业、设施、产品等多层级碳排放统计核算体系,制定关于建立统一规范的碳排放统计核算体系实施方案,定期编制更新温室气体排放清单,形成碳排放强度指标核算发布机制,建立重点行业企业碳排放核算报告核查制度。积极组织开展电力、钢铁、水泥等重点排放行业重点排放单位碳排放核算报告工作,在相关企业组建专业碳排放管理机构,建设碳排放管理信息系统,开展碳排放盘查工作。同时,启动碳监测评估试点工作。聚焦重点行业、城市和区域3个层面,开展碳监测评估试点工作。重点行业层面选取火电、钢铁、石油、天然气开采,以及煤炭开采和废弃物处理等行业开展试点监测。城市层面选取部分城市开展大气温室气体及海洋碳汇监测试点。区域层面加强大气主要温室气体浓度"天—空—地"一体监测,开展典型区域生态系统固碳试点监测以及土地利用年度变化监测。扎实开展节能减排统计监测,严格执行统计调查制度方法,改进审核方式、优化审核内容。加强对国家和地区高耗能产品产量、高耗能行业用电等情况的跟踪监测,加强对国家和地区能耗"双控"目标完成情况的跟踪监测,及时反映节能降耗工作中出现的新情况、新特点和新问题。做好重点用能单位能耗在线监测系统建设和使用。

3.2 保障经济社会建设

防范气候风险从自然生态系统向经济社会系统的传递,以对气候变化影响敏感的关键领域为抓手,坚持减缓、适应与可持续发展协同理念,增强我国经济社会系统气候韧性。

3.2.1 保障农业与粮食安全

优化农业气候资源利用格局。开展农业气候资源动态评估和精细区划,调整优化产业布局、种植结构和作物品种配置,合理规划调整农产品贸易格局。中高纬度适当提高复种指数,北扩喜温作物,调整作物品种熟性;低纬度地区扩大冬种规模,充分挖掘农业生产潜力。选育高产优质抗逆作物、畜禽水产和林果花草适应性良种。开展气候友好型低碳农产品认证,开发地方特色地理标志农产品,促进农民增收。

强化农业应变减灾工作体系。针对旱涝、低温冻害、高温热害、风雹等极端天气气候事件导致农业灾害发生与危害的新特点,健全灾害监测预警和响应机制,完善灾害诊断技术与标准。编制不同区域、不同灾种和农业物种的减灾预案,提高防护标准,加强防灾减灾物资储备。发展农田智能化排灌、气候适应型作物、林果应变栽植和畜禽、水产健康养殖技术体系,推广节水灌溉、旱作农业、抗旱保墒、排涝去渍等适应技术。加强农业生产者和经营者防灾减灾与适应技术培训。

增强农业生态系统气候韧性。坚持农业发展生态优先,加强水土保持与生态防护,在适宜地区推广保护性耕作,发展混林农业和山区立体农业,推广合理的间作套作体系。根据气候变化引起的生态关系改变和病虫害新特点,推进农药减量增效,推行统防统治与绿色防控技术。做好外来入侵生物防控,保护农业生物多样性。推进化肥减量增效,集成推广科学施肥技术。加强耕地质量建设,实施耕地保护与质量提升行动计划,增加土壤有机质,提升土壤肥力。加强适应气候变化的种质资源保护基地和种子库建设,保护农业动植物濒危物种。保护传统农业文化遗产,优化农田景观设计,提升农业生态系统服务功能。

建立适应气候变化的粮食安全保障体系。落实"藏粮于地、藏粮于技"战略,根据农业气候资源和气候相关灾害时空分布的改变,调整农业基础设施布局。建立完善国内外主产区粮食产量和生产潜力监测、预测、供需及风险预估系统。加强耕地保护与质量建设,坚守18亿亩耕地红线,落实最严格的耕地保护制度,加强耕地用途管制,实施永久基本农田特殊保护。推进高标准农田建设,大力发展气候智慧型农业,提高农业综合生产能力。强化农业适应气候变化技术创新,实现农业适应气候变化颠覆性技术的突破,在农业主产区建立适应气候变化技术示范基地。完善农业气象服务体系和风险分担机制,逐步推广天气指数保险,探索农业巨灾保险机制。

3.2.2 保障人民健康与公共卫生

开展气候变化健康风险和适应能力评估。研究制定气候变化健康风险评估方案与指南，建立全面性、经常性评估机制，有效厘清气候变化风险，并分析对人类健康潜在危害。基于气候变化健康风险评估结果，充分考虑各地区气候特征和脆弱人群健康风险暴露水平，开展医疗卫生系统及重点脆弱人群适应气候变化能力评估，制订适应计划。

加强气候敏感疾病的监测预警及防控。加强部门联动和数据共享，充分整合利用新技术，完善气候敏感疾病和人兽共患病的监测网络和数据报告系统，加强实时监测、检疫和早期预警，有效提升鼠疫、登革热、乙脑等重点传染病和心血管疾病、呼吸系统疾病等慢性非传染病的监测和预警能力。加强对气候敏感疾病和极端气候事件下健康风险的防控规划，制定应急预案、应急救治管理办法，提高卫生应急能力。提高高温热浪等极端气候事件环境下作业的劳动防护标准。

增强医疗卫生系统气候韧性。在加快优质医疗资源扩容和区域均衡布局中，充分考虑气候敏感疾病和极端气候事件引发的健康风险。建立健全国公共卫生应急物资与医疗物资储备体系，提升制药与医疗器械生产系统的应急产能储备，保障流动应急医疗设备的研发和配备。推进医疗卫生系统能源资源管理信息化建设。建立针对气候敏感疾病的分级分层急救、治疗、护理与康复网络。建立针对极端气候事件的心理健康和精神卫生服务体系。

全面推进气候变化健康适应行动。制订并实施气候变化健康适应行动方案，全面提升气候变化和极端气候事件下健康适应水平。开展气候变化健康适应城市、乡村、社区、重点场所（学校、医院、养老机构等）行动试点，总结可推广的适应模式。建立气候变化与健康专家咨询委员会、技术联盟、重点实验室等平台，加强气候变化及极端气候事件下健康风险与应对的基础性和应用性研究。通过多种形式开展气候变化和极端气候事件健康风险的宣传教育，提供气候变化条件下重点人群的保健与营养指南，提升公众认知水平及适应气候变化能力。

3.2.3 推进基础设施与重大工程建设

加强基础设施与重大工程气候风险管理。结合物联网、大数据和人工智能等新一代信息技术，加强基础设施与重大工程气候变化影响监测和风险预警，有效监控薄弱环节和各类风险点，动态评估风险等级与强度。实施基础设施与重大工程气候变化风险区划，因地制宜、分类施策，形成"实时监测—信息传递—风险评估—动态调度—效果分析"的全链条风险管理体系。

推动基础设施与重大工程气候韧性建设。加强韧性交通基础设施建设，将温室气体排放管控及适应气候变化要求有效融入交通基础设施建设及完善政策体系支撑需要，以保障经济社会建设为前提础设施建设过程，构建数字化、网络化、智能化的智慧水利体系，提升应对不同等级和不同强度的水灾害能力。加强能源基础设施正常运行能力，提高耐受风暴潮、高温、冰冻等极端气候事件能力。通过"能源+气象"信息深度融合，提升能源供应安全保障水平。将城乡基础设施建设与基于自然的解决方案有机结合，推动城乡基础设施更新改造，建设智慧城市和数字乡村。充分考虑气候变化对重大工程的不利影响，调整工程布局，提高调度运营水平。

完善基础设施与重大工程技术标准体系。基于全生命周期理念，将适应气候变化有效融入基础设施与重大工程技术标准制修订过程。结合气候变化及其影响和风险评估情况，对现行技术标准进行复审，依据复审情况及时修订，逐步完善与气候变化相适应的基础设施与重大工程技术标准体系。结合对中长期气候变化趋势的预估，编制未来工程技术标准调整和修订计划并开展预研究。

突破基础设施与重大工程关键适应技术。重点研发基础设施与重大工程气候影响监测和风险预警技术，提高监测预警能力。交通基础设施领域重点突破冻土消融、低温冰雪和风暴潮等预防技术、产品材料和装置设备研发技术，提升青藏、川藏和滇藏铁路及公路地基稳定性能技术。水利基础设施领域重点研发适应干旱高温、旱涝急转、极端低温等不利工况的耐腐蚀性新型筑坝材料和适应技术。能源工程与电网安全设施重点提升多电网联合并网、消纳和调度技术。城乡基础设施重点提升供水、供电、交通和应急通信等的综合适应能力技术。

3.3 建设强化科技人才创新支撑

3.3.1 推进科技研发技术攻关

强化气候政策科技支撑需加强应对气候变化研究部署。组织实施"地球系统与全球变化""长江黄河等重点流域水资源与水环境综合治理""典型脆弱生态环境保护与修复"等重点专项，推动气候变化基础科学和水资源、生态等领域适应气候变化科技研发。发布《气候变化国家评估报告》，全面、系统地评估我国应对气候变化领域相关的科学、技术、经济和社会研究成果，准确、客观地反映我国气候变化领域研究的最新进展。

强化气候政策科技支撑还需开展低碳零碳负碳重大科技攻关。组织实施"可再生能源技术""碳达峰碳中和关键技术研究与示范"等重点专项，围绕能源、工业、建筑、交通等领域低碳零碳负碳关键技术攻关研发。推动科研院所开展太阳能与燃料热化学互补、富氢燃料内燃机等关键技术、二氧化碳还原光催化剂，推动关键技术向系统集成及规模化应用发展等领域重大科技攻关。支持中央企业布局研发先进核电、清洁煤电、先进储能等一批攻关任务，积极开展煤炭清洁高效利用科研攻关，推进建设煤炭清洁高效利用和二氧化碳捕集、利用与封存（Carbon Capture，Utilization and Storage，CCUS）等原创技术"策源地"。支持电力企业建成国内最大规模CCUS全流程示范工程。

3.3.2 加强人才培养和能力建设

加强碳达峰碳中和高等教育人才培养体系建设。加强应对气候变化相关学科专业建设和布局,促进传统学科专业转型升级,优化人才培养类型结构,加强高水平师资队伍建设,加大教学资源建设力度,深化科教融合、产教融合协同育人,着力培养应对气候变化领域紧缺人才,支持学位授予单位增设相关学位授权点。增设碳排放管理员职业。将"碳管理工程技术人员"作为国家职业分类大典第二大类新职业,启动"碳排放管理员"相关职业技能标准和培训教材编制工作,为高效开发碳排放管理员培训教材奠定良好基础。

加强能力建设培训,加强各层级各领域政府官员、企业应对气候变化培训。支持相关省市碳市场能力建设培训中心、行业协会、研究机构积极开展全国碳市场能力建设培训工作和活动。组织编写应对气候变化能力建设、全国碳市场等系列培训教材。加强适应气候变化基层人才队伍建设,形成一支政治坚定、业务精通、纪律严明、作风过硬的干部队伍。建立跨领域、多层次的适应气候变化专家库,开展适应气候变化专家帮扶专项行动。定期组织适应气候变化知识和业务培训,提高适应气候变化决策实施能力。

结合重要时间节点,开展适应气候变化主题宣传活动。编制适应气候变化科普教育系列丛书,通过学科教育、讲座研讨等方式推动适应气候变化活动进校园。加强适应气候变化典型案例的经验交流与宣传推广。创新宣传手段和模式,普及适应气候变化理念,引导绿色消费和气候适应型生活方式,同时加强我国适应气候变化措施和成效的对外宣传工作。广泛动员企业、社区、社团、公民积极参与适应气候变化工作,推动适应行动主体多元化。组织形成社区、企业网格化协调机制,发展壮大志愿者队伍,动员全社会力量,形成全社会广泛参与氛围。

3.3.3 强化重点领域科学技术创新

强化气候政策科技支撑需推进气候变化基础科学技术研发,围绕先进可再生能源、新型电力系统等方面确定相关技术装备创新任务,促进新型储能技术创新研究与示范应用,制定并发布"十四五"能源领域科技创新规划,推动内河船舶绿色智能技术研发应用,支持开展纯电动飞机、混合动力飞机等技术研究。加强温室气体及碳中和监测、评估、预测等核心技术攻关。组织开展中长期气候变化情景预估和预研究,改进气候变化观测和重建数据质量,精确刻画模拟气候变化关键过程和趋势。系统开展适应气候变化基础研究,加强气候变化监测预警、影响分析和风险评估、脆弱性与适应能力评估等重大问题研究。加强适应气候变化相关标准研究。研究气候变化问题对人类社会政治、经济、社会发展、文化等各层面的影响,完善相关学科体系,加强系统性综合研究,为提升应对气候变化的公众意识和社会管理能力提供科学基础。

加强适应气候变化关键技术研发,推进适应技术集成创新,熟化适应核心技术,构建分领域分产业分区域的适应气候变化技术体系。强化适应气候变化技术成果转化平台建设,开展适应气候变化示范技术遴选,促进适应技术转化推广。开展基于未来长期气候变化情景的适应技术预研究,进行必要的技术储备。重点推进气候变化的事实、机制、归因、模拟、预测研究,完善地球系统模式设计,开发高性能集成环境计算方法和高分辨率气候系统模式,实现关键过程的参数化和重要过程的耦合,模拟重要气候事件,为研究气候变化发展规律提供必要的定量工具。跟踪评估气候变化地球工程国际研究进展,有序开展相关科学研究。加强全球气候变化地质记录研究,揭示气候变化周期事件以及气候变化幅度、频率等差异性特征。加强重点行业与区域适应气候变化科技资源协同共享,提升科研基础设施和科技平台建设水平,强化适应气候变化科技资源的长期性、稳定性、基础性工作。加强国际、区域间适应气候变化科技交流,推动经验借鉴与信息共享。

围绕水资源、农业、林业、海洋、人体健康、生态系统、重大工程、防灾减灾等重点领域和北方水资源脆弱区、农牧交错带、脆弱性海洋带、生态系统脆弱带、青藏高原等典型区域,加强气候变化影响的机理与评估方法研究,建立部门、行业、区域适应气候变化理论和方法学。加强温室气体本底监测及相关研究。建立长序列、高精度的历史数据库和综合性、多源式的观测平台,重点推进气候变化事实、驱动机制、关键反馈过程及其不确定性等研究,提高对气候变化敏感性、脆弱性和预报性的研究水平。建立全球温室气体排放、碳转移监测网络,重点加强土地开发、近海利用、人为气溶胶排放与全球气候变化关系研究,客观评估人类活动对全球气候变化的影响。形成低碳技术遴选、示范和推广的动态管理机制。加快建立产学研用有效结合机制,引导企业、高校、科研院所等根据自身优势建立低碳技术创新联盟,形成技术研发、示范应用和产业化联动机制。强化技术产业化环境建设,增强大学科技园、企业孵化器、产业化基地、高新区等对技术产业化的支持力度。推动技术转移体系的完善和发展。

4 积极减缓气候变化

经济发展造成能源需求增加,导致人类活动排放增加,引起大气温室气体浓度升高,进而使全球和区域气候发生变化。国际社会已日益认识到气候变暖对人类当代及未来生存与发展造成的严重威胁和挑战,采取积极措施应对气候变化已成为全球共识。

减缓气候变化是指通过能源、工业等经济系统和自然生态系统较长时间的调整,减少温室气体排放,增加碳汇,以稳定和降低大气温室气体浓度,减缓气候变化速率。减缓气候变化的关键是要制定相应的政策、措施和手段来降低温室气体排放,推动可持续发展。

4.1 调整产业结构

大力发展战略性绿色低碳新兴产业。实施产业创新发展工程,稳步推进新能源、新能源汽车、绿色环保等产业集群建设,支持工业绿色低碳高质量发展,建设绿色制造体系。

严控高耗能、高排放、低水平("两高一低")行业盲目发展。控制高耗能、高排放、低水平行业产能扩张,修订产业结构调整指导目录,对"两高一低"项目实施清单管理、分类处置、动态监控,各地建立在建、拟建、存量"两高一低"项目清单并明确处置意见。提高新建项目准入门槛,严把新上项目管理,深挖存量项目节能潜力,制定重点行业单位产品温室气体排放标准,优化品种结构,科学有序地推动高耗能行业节能降碳技术改造。优化工业空间布局,在符合国家产业政策的前提下,鼓励高碳行业通过区域有序转移、集群发展、改造升级来降低碳排放。

推动传统制造业优化升级。聚焦冶金、化工、轻工、建材、纺织服装、机械装备等优势产业,推动生产工艺革命、产品精深加工和绿色低碳转型。运用高新技术和先进技术改造提升传统制造业,支持企业提升产品节能环保性能,打造绿色低碳品牌,加快淘汰落后产能。

4.2 优化能源结构

大力发展非化石能源。有序发展水电,科学规划建设抽水蓄能电站。安全高效发展核电,在确保安全的基础上高效发展核电,提升核电厂安全水平,稳步有序推进核电建设。大力开发风电,加快风电基地建设,因地制宜建设内陆与海上风电项目。推进太阳能多元化利用,扩大太阳能热利用技术的应用领域,支持开展太阳能热发电项目示范。发展生物质能。

优先建设生物质多联产项目,加快发展沼气发电,推动城市垃圾焚烧和填埋气发电,实现生物质成型燃料产业化,加快生物质液体燃料产业化进程,积极发展生物质供气。推动其他可再生能源利用,提高地热、海洋能等开发利用水平。

调整化石能源结构。合理控制煤炭消费总量,加强煤炭清洁高效集中利用,优化煤炭利用方式,制定煤炭消费区域差别化政策,大气污染防治重点地区实现煤炭消费负增长。加强煤炭质量管理,对提高煤炭洗选加工水平、加强商品煤质管理提出明确要求。持续增强油气供应保障,加快石油、天然气资源勘探开发力度,推进页岩气等非常规油气资源调查评价与勘探开发利用。积极开发利用海外油气资源。高效开发利用煤层气(煤矿瓦斯),制定煤矿瓦斯防治工作要点以及煤层气(煤矿瓦斯)年度抽采利用目标,持续提高煤层气(煤矿瓦斯)抽采利用率。

落实能源消费总量和强度"双控"。继续实施并逐步优化能耗"双控"政策,加强能耗强度降低约束性指标管理,落实好新增可再生能源和原料用能不纳入能源消费总量控制、国家重大项目能耗单列等措施,有效增强能源消费总量管理弹性,保障经济社会发展合理用能需求。加强能耗"双控"与碳达峰碳中和目标任务的衔接,推动能耗"双控"向碳排放"双控"转变。

4.3　促进节能提效

控制能源消费总量。按照目标明确、责任落实、措施到位、奖惩分明的总体要求,建立能源消费总量控制和评价考核制度,强化政府责任和政策导向,严格执行固定资产投资项目节能评估和审查制度,实施终端用能产品强制性能效标识制度,制定和完善高耗能产品能耗限额标准。

加强重点领域节能。重点推进电力、钢铁、建材、有色、化工等行业节能,强化新建建筑节能,加大既有建筑节能改造力度,实施绿色建筑行动方案。控制城乡建设领域碳排放,优化城市功能布局,强化城市低碳化建设和管理,发展绿色建筑。推进交通运输节能,加快构建绿色低碳安全高效的综合交通运输体系。推进商业和民用、农业和农村以及公共机构节能,控制农业生产活动、商业和公共机构、废弃物处理领域排放。实施节能改造工程、节能产品惠民工程、合同能源管理推广工程、节能技术产业化示范工程等重大节能工程。继续开展万家企业节能低碳行动。

大力发展循环经济。在农业、工业、建筑、商贸服务等重点领域推进循环经济发展,从源头和全过程控制温室气体产生和排放。健全资源循环利用回收体系,制定循环经济技术和产品目录。深入开展公共机构绿色低碳引领行动。

大力推进工业领域提质增效。加大节能技术推广力度,实施重点用电设备能效提升计划。强化"节能监察+节能诊断"双轮驱动,对重点企业开展节能监察,对企业、园区开展节能诊断服务。推进工业固废综合利用,限期淘汰产生严重环境污染的工业固体废弃物的落后生产工艺设备,积极推广工业资源综合利用先进适用工艺技术设备。加强工业领域电力需求侧管理,组织工业领域电力需求侧管理示范企业遴选,支持提升电能管理水平和需求侧响应能力,优化电力资源配置。发布工业绿色发展规划,实施工业能效提升行动计划,部署启动实施钢铁、有色、建材、石化等重点领域企业节能降碳技术改造工程。

加快提升建筑能效水平。发布建筑节能与绿色建筑发展规划,推动实施建筑节能与可再生能源利用国家标准。稳步推进北方采暖地区和夏热冬冷地区既有居住建筑节能改造,鼓励北方地区在农村进行危房改造,以及在农房抗震改造中同步实施建筑节能改造,在保障住房安全性的同时降低能耗和农户采暖支出,提高农房节能水平。

全面提升节能管理能力。严格能效约束、分步实施、有序推进重点行业节能降碳,加大国家工业专项节能监察工作力度,统筹推进重点行业节能监察,完善重点行业节能降碳监管体系。加强节能基础能力建设,强化重点领域和重点用能单位节能管理,严格实施固定资产投资项目节能审查,加强节能监察执法,组织实施节能降碳重点工程,加快完善节能标准体系。

4.4 控制非二氧化碳温室气体排放

从能源、农业、废弃物等主要排放源着手,积极开展非二氧化碳温室气体排放控制行动,完善非二氧化碳温室气体排放中国应对气候变化的政策与行动控制相关政策、标准、技术规范体系,强化地方、部门、行业企业的甲烷管控措施。

能源领域。鼓励煤矿瓦斯回收利用。加强对天然气和油田伴生气的回收利用,探索开展甲烷回收利用及检测等行动。逐步淘汰电网使用六氟化硫,推广节能、低增温潜势的相关电力设施。

农业领域。构建种养新模式,推动减量化和资源化,构建秸秆还田下水稻丰产与甲烷减排的稻作新模式,培育并推广节水抗旱稻,推进化肥减量增效,降低农田氧化亚氮排放,推进畜禽粪污资源化利用,降低粪污处理过程中非二氧化碳温室气体排放。

废弃物处理领域。有序推进垃圾分类工作,加强制度与技术创新,提升分类运输能力,持续提升生活垃圾无害化处理与回收利用水平。

工业领域。按照相关要求,加强对氢氟碳化物排放管控,要求严格控制部分氢氟碳化物化工生产建设项目、加强相关建设项目环境管理,企业不得直接排放副产三氟甲烷。

4.5 提升生态系统碳汇能力

提高森林碳汇。实施应对气候变化林业专项行动计划,统筹城乡绿化,加快荒山造林,推进"身边增绿"和城市园林绿化,深入开展全民义务植树活动,继续实施天然林保护、退耕还林、防护林建设、石漠化治理等林业生态重点工程。强化现有森林资源保护,切实加强森林抚育经营和低效林改造,减少毁林排放。

增强湿地等其他碳汇。划定生态保护红线,涵盖绝大部分天然林、草地、湿地等典型陆地自然生态系统,以及红树林、珊瑚礁、海草床等典型海洋自然生态系统,进一步夯实全国生态安全格局、稳定生态系统固碳作用。

增加农田、草原碳汇。统筹部署推进农田建设工作,加强规划引领,强化政策支持,突出支持永久基本农田保护区、粮食生产功能区和重要农产品生产保护区,集中力量建设高标准农田,提升土壤有机碳储量,增加农业土壤碳汇。推广秸秆还田、精准耕作技术和少免耕等保护性耕作措施。建立草原生态补偿长效机制,进一步在草原牧区落实草畜平衡和禁牧、休牧、划区轮牧等草原保护制度,控制草原载畜量,遏制草场退化;继续实施退牧还草、京津风沙源草地治理等生态工程建设,恢复草原植被,提高草原覆盖度。

稳步提升海洋碳汇。制定红树林、滨海盐沼、海草床蓝碳生态系统碳储量调查与评估技术规程,选取蓝碳生态系统分布区域开展碳储量调查评估试点。组织实施海洋缺氧酸化和海气二氧化碳通量业务化监测。积极探索开展海洋碳汇交易;建设海洋牧场,助力贡献海洋固碳。

4.6 推动减污降碳协同增效

出台减污降碳协同增效政策。实现生态环境根本好转和碳达峰碳中和是中国生态文明建设两大战略任务,协同推进减污降碳是实现碳达峰碳中和目标、促进经济社会发展全面绿色转型的重要抓手。强化生态环境分区管控等源头治理,加强工业、交通运输、城乡建设等重点领域减污降碳落地实施,强化大气、水、土壤、固体废弃物等环境污染治理与碳减排措施协同提升环境质量,推动重点区域、城市、园区、企业开展减污降碳协同创新示范。通过建立"源头—过程—末端"全过程减污降碳协同增效体系,全面提高环境治理综合效能,实现环境效益、气候效益、经济效益多赢。

推动减污降碳协同治理实践。减少全国二氧化硫、氮氧化物、PM2.5排放,持续推进北方地区冬季清洁取暖,因地制宜推动散煤治理。构建区域再生水循环利用体系,大力推进污水资源化利用、水环境治理与减污降碳协同控制。开展"无废城市"建设、"绿水青山就是金山银山"示范县创建等,为推动城市层面减污降碳奠定良好基础。统筹和加强应对气候变化与生态环境保护相关工作,把降碳作为源头治理的"牛鼻子",构建减污降碳一体谋划、一体部署、一体推进、一体考核的制度机制。优化全国排污许可证管理信息平台功能,推动排污单位污染物和温室气体排放相关数据统一采集、相互补充、交叉校核。

4.7 倡导低碳生活

鼓励低碳消费。抑制不合理消费,限制商品过度包装,减少一次性用品使用。鼓励使用节能低碳产品,加快建设高效快捷的低碳产品物流体系,拓宽低碳产品销售渠道,设立低碳产品销售专区和低碳产品超市,建立节能、低碳产品信息发布和查询平台。

开展低碳生活专项行动。开展"低碳饮食行动",推进餐饮点餐适量化,公务接待简约化,遏制食品浪费。倡导消费者减少不必要的衣物消费,加快衣物再利用。制定合理的住房消费标准,引导消费者使用绿色建筑。深入开展低碳家庭创建活动,提倡公众在日常生活中养成节水、节电、节气、垃圾分类等低碳生活方式。倡导公众参与造林增汇活动。

倡导低碳出行。积极倡导"135"绿色出行方式(1km 以内步行,3km 以内骑自行车,5km 左右乘坐公共交通工具)。鼓励公众采用公共交通出行方式,支持购买小排量汽车、节能汽车和新能源车辆。向公众提供专业信息服务。倡导"每周少开一天车""低碳出行"等活动,鼓励公共交通和低碳旅游。

4.8 深化试点示范

总结提炼可复制、可推广的低碳发展经验,围绕碳达峰碳中和、近零碳排放、零碳负碳技术应用示范等工作,全面深化应对气候变化试点示范和重大工程建设,探索绿色低碳发展新路径。

做好低碳试点建设。选择低碳发展基础较好、可再生能源和碳汇资源禀赋较优越的区域先行先试,推动试点项目积极探索产业、能源、交通、建筑、消费、生态等领域低碳发展新模式及新技术,鼓励各入选试点项目落实清洁能源替代、资源循环利用、碳固定、碳捕集封存、购买自愿减排量等减排增汇措施。探索多样性和差异化的试点建设,加快制定产品、服务、活动等碳中和核算标准和抵消机制,对碳中和项目的核算、认可、购买、抵消等流程进行规范化管理。

在区域、城市、产业园区、企业多层次开展减污降碳协同创新试点工作。加快探索减污降碳协同增效的有效模式,探索不同类型城市减污降碳推进机制,在城市建设、生产生活各领域加强减污降碳协同增效。鼓励各类产业园区根据自身主导产业和污染物、碳排放水平,积极探索推进减污降碳协同增效,优化园区空间布局,大力推广使用新能源,促进园区能源系统优化和梯级利用、水资源集约节约高效循环利用、废物综合利用,升级改造污水处理设施和垃圾焚烧设施,提升基础设施绿色低碳发展水平。推动重点行业企业开展减污降碳试点工作,鼓励企业采取工艺改进、能源替代、节能提效、综合治理等措施,实现生产过程中大气、水和固体废物等多种污染物以及温室气体大幅减排,提升环境治理绩效,实现污染物和碳排放均达到行业先进水平;支持企业进一步探索深度减污降碳路径,打造"双近零"排放标杆企业。

5 增强适应气候变化能力

在全球变暖的背景下极端气候事件的出现频率、强度、空间范围以及持续时间发生了变化。气候变化在一定时期内会给某些地区带来利益,但是在自然环境脆弱性不断增强的情况下,会使更多地区受到不利影响和灾害的趋势增加。我国处于世界上两条巨型自然灾害地带上,即北半球中纬度重灾带和太平洋重灾带,因而成为全世界容易发生灾害且灾情严重的国家之一。我国气候异常多变,干旱、洪涝、冰雹、台风等自然灾害频繁发生。

当自然系统、生态系统发生改变时,人类、社会条件及资产也会随之出现不利影响。天气、气候或水文事件的极端影响,一旦超过了时间、空间和对人类影响的强度等中的至少一个阈值条件,就可以变为灾害。灾害发生之前总是存在特定的灾害风险,即危险事件对民生、经济、社会和文化财产等造成不利影响的潜力;灾害风险一旦转化为现实,就意味着对社会的正常功能产生严重干扰。

虽然无法完全消除各种灾害风险,但是可以加强灾害风险管理和提高对气候变化的适应能力,以及对各种潜在极端事件不利影响的恢复能力,从而促进社会和经济的可持续发展。全面的灾害风险管理要求更加合理地分配对减灾、灾害管理等方面所付出的努力。过去的主流是强调灾害管理,但目前减灾成为关注焦点和挑战。这种主动积极的灾害风险管理与适应有助于避免未来的风险和灾害,而不仅仅是减少已有的风险和灾害,同时这也是灾害风险管理和气候变化适应更加紧密联系的一个背景。灾害风险管理促进气候变化适应从应对当前的影响中汲取经验,气候变化适应帮助灾害风险管理更加有效地应对未来变化的条件。

5.1 建立未来极端气候预测研究标准体系

加强地球科学领域的学科建设,提倡并推动各个学科专业之间交叉应用与结合发展,建立开放包容的地球科学体系。加强地球科学领域的基础研究、技术研发,统筹建设战略科学研究基地,加强财政资金支持的地球科学领域科研项目的统筹协调,健全长期研究支撑机制(图2-5-1)。强化人才培养和队伍建设,建立和完善对地球科学科研人员的奖励机制,提高科研人员的福利待遇。鼓励我国科学家和研究人员走出实验室,参与不同机构之间的研究以及国际研究计划。实现不同时间尺度和空间范围的地球科学领域研究,组织开展中长期气候变化情景预估和预研究,精确刻画模拟气候变化关键过程和趋势。改进气候变化观测和重建数据质量,推动高质量数据库的建设并实现数据共享。系统开展适应气候变化基础研究,加强气候变化监测预警、影响分析和风险评估、脆弱性与适应能力评估等重大问题研究。

重点任务

1. 推动能源清洁低碳安全高效利用
2. 提升生态系统碳汇能力
3. 加强我国承受力脆弱地区的观测和评估
4. 提升城乡农业基础设施适应气候变化能力
5. 加强青藏高原综合科学考察研究
6. 加强科技支撑与国际合作
7. 建设性参与和引领应对气候变化国际合作
8. 积极开展气候变化国际合作

图 2-5-1 "十四五"计划针对气候变化方面的重点任务

加快推动应对气候变化相关立法,研究构建应对气候变化法律框架,加强立法部门与各个科研院所交流合作,以专业理论为依据,以实际情况为支撑,建立完善适应气候变化相关法律法规和制度体系。积极开展温室气体管控纳入建设项目环评的专题论证,研究环境影响评价法的修法建议,提出以减污降碳为目标的评价要求,努力完善全国碳市场的立法保障,引导和推动地方制定相关地方性法规,对应对气候变化和温室气体减排的制度安排。强化统筹指导与协调配合,健全适应气候变化协调工作机制,形成适应气候变化政策与行动合力。探索建立国家适应气候变化信息共享机制和平台,推动资源、信息、数据交流共享。建立适应气候变化工作成效评估机制,定期开展适应气候变化政策与行动评估,抓好任务落实和监督检查,分析实施效果,及时研究解决问题。

5.2 建立极端气候统一判定及救灾标准

极端气候事件是指某一时间段内,该气候指标大幅度超过该站气候标准期平均值的小概率事件,在统计分布上极少发生,通常具有破坏性大、突发性强、不确定性大等特点。极端气候事件的判断标准应紧密结合本地气候特点,从灾害性天气预报服务经验和政府应急预案指标需求出发,明确极端气候事件的定义和表述,细化极端气候监测指标,规定相关阈值计算步骤及判定准则,并在附录中明确给出各下级地区的极端气候阈值,便于查询、判定。

减灾救灾工作关系国计民生,是打好防范化解重大自然灾害风险攻坚战的根本要求。通用基础标准体系在减灾救灾标准体系中起着基础性的作用,对于服务保障标准体系、服务提供标准体系的建立和制定起着指导和支撑作用。在基础通用标准方面,应制定自然灾害分类与命名、自然灾害承灾体分类与代码、灾害管理基本术语、减灾救灾服务术语与定义、应急基础设施标识、救援标识等标准。服务保障标准体系是服务提供标准体系的基础,主要包括人员管理、信息管理、运行管理、评价改进。人员管理标准方面,围绕灾害信息员、救灾队伍建设,加快灾害信息员管理、救灾队伍管理标准研制,搭建以政府应急救援队伍为主、以社会应急救援队伍为服务力量的灾害应急救援力量体系。信息管理标准方面,应制定涵盖灾前物资储备信息和预警信息、灾中灾情动态和救灾进展、灾后救助等内容的信息公开体系;重点研制减灾救灾信息平台建设规范,加强减灾救灾信息共享、机构间互联互通。运行管理标准方面,应建立减灾救灾综合协调工作机制,加强灾害管理全过程的综合协调,强化救灾物资、救援力量等的资源统筹和工作协调;研制减灾救灾经费管理标准,支撑开展灾害风险防范、风险调查与评估、减灾能力建设、安全教育宣传等减灾救灾相关工作。评价改进标准方面,研制实施监督、服务评测标准,加强督查、目标倒逼,实现减灾救灾标准体系持续改进。

5.3 加强气候变化监测预警和风险管理

气候变化观测、监测预警、影响风险评估着眼于多源观测数据的获取、新型探测设备和观测方法的研究,研究面向地球系统的协同观测关键技术,实现对大气和其他圈层要素的高时空分辨率观测,以提高对典型灾害性天气系统的实时、立体、精密观测的技术能力,提升协同观测技术水平,开展非传统观测应用技术研究,完善气象观测技术和方法标准体系。

科学的气候观测系统要求气候观测能够描述全球气候系统的现状及其变异,监测气候系统的强迫,其中包括自然强迫和人为强迫,支持找寻气候变化原因,支持预测全球气候变化,筹划将全球气候变化信息运用到区域和国家一级,描述在影响评估和适应性中很重要的极端事件并评估风险和脆弱性。需要从多圈层相互作用的角度,根据实际需求研究确定用以描述气候系统的基本气候变量。需要从气候系统的观点出发,统一规划找出那些存在重复观测,观测空白的区域研究如何把现有的各圈层观测系统综合成相互关联、内部协调一致,连成网络,建成没有重复的、针对气候系统的一体化观测体系。需要对卫星和实地观测技术进行改进,提高观测技术更有效地测量基本气候变量。同时也要根据实际需求研究制定所有基本气候变量的观测标准和发布气候观测系统及其资料和相关产品管理的规范和指南材料。需要建立国家气候观测系统资料中心承担气候观测系统数据的存档和管理定期评价和及时反馈,以进一步改进和完善气候观测系统。通过对现存的各类观测系统气候相关数据进行收集、整理、处理、统计、分析等形成高质量控制、数字化、标准化的长序列、均一化的标准数据集,并努力应用多源数据集成整合技术对多种来源、多种属性数据进行整合生成气候系统观测综合数据集。建立持续、稳定、规范的气候系统观测数据共享机制,满足气候、环境和相关各学科研究、业务、服务对气候观测系统数据的共享需求。

气候观测系统应该充分考虑气候系统模式的发展,满足利用气候系统模式进行气候预测和预估所需要的各种初始观测资料以及与模式结果比对的观测资料,此外气候观测系统也应充分考虑气候系统模式中不同圈层相互作用过程的描述,对观测资料的需求为模式中参数化方案的建立和发展以及模式本身的发展和评估提供观测依据。气候观测系统的设计要综合考虑气候资源应用(包括水资源、风能、太阳能等的利用)、在国家战略决策研究中的应用(包括温室气体限/减排、沙尘、气溶胶输送等)以及在国家社会经济战略发展规划中的应用等。

我国是世界上气候灾害发生较为频繁的国家,提高对气候灾害的防御能力,不仅要重视灾害来临时的应急防御,更要重视立足长远的灾害风险防范工作,加强气候灾害风险管理,培育气候灾害风险意识,使气候灾害防御的端口前移,变被动防灾为主动应对,实现防灾减灾工作由减轻气候灾害损失向降低气候灾害风险转变。推进对气候灾害的风险评估和管理、增强我国适应气候变化能力,既是顺应国际社会应对气候变化的需要,也是保障我国经济社会平稳健康发展的必然需求。

首先,应对气候变化的科学基础薄弱。重救轻防,缺乏在灾害发生前进行有效的风险管理,是导致灾害风险管理落后的主要原因。其次,法律体系不够健全。现行法律多以单一灾种为主,对自然灾害的综合管理还缺乏完善而严备的法律。最后,体制机制不完善,行动力度不够。我国目前的灾害风险管理还处于各自独立、分散管理的状态,缺乏综合协调的领导机构和多部门协调配合的机制,阻碍了信息的及时沟通,制约了风险管理准确、快速、高效的发展。

气候灾害风险管理和气候变化适应是一个始终交叉的过程,需要各级政府的指导、规划和协调,要不断完善"政府主导、部门联动、社会参与"的气象灾害防御体系,将气象防灾减灾工作全面融入到经济社会各行各业和人民的生产生活中,结合中国的实际情况,建立健全气候风险管理体制,构建符合中国国情的气候风险管理体制和战略,全面提升政府和全社会的气候风险管理能力。除此之外,全面提升我国的气候灾害风险管理水平和气候变化适应能力,还需要加强气候变化相关科学研究,提高对气候系统及其变化的认识,以及对极端事件的预测预警水平,构建健全的风险管理体制和巨灾保障模式,提升防御和减轻自然灾害的能力;在重大工程及重点发展规划中充分考虑气候因素,开展气候灾害风险评估和气候可行性论证,建立各类重大工程气象灾害事件数据库并广泛共享;开展重点领域、关键行业及脆弱地区气候变化影响和适应能力评估,建立不同层面的适应技术集成体系,支持适应技术的研发、示范和推广,提升适应策略的针对性和可操作性;广泛参与国际合作,通过项目合作引进先进技术以提升中国应对气候变化的能力;充分利用现代信息传播技术,加强气候变化和防灾减灾的宣传、教育和培训,提高公众对气候风险管理和气候变化适应的认知水平和防灾减灾意识。

5.4 提升自然生态系统适应气候变化能力

5.4.1 水资源

突出重点领域节水。关于农业领域节水，全面推进适水种植、量水生产模式。立足地方水资源承载能力和自然、经济、社会条件，优化配置水、土、光、热、种等资源，在大力发展现代农业的同时，以土地集约化、规模化经营为基础，大力推进低压管灌、喷灌、滴灌等高效节水农业规模化发展。按照全面规划、分步实施的思路，对农业发展落后地区实施高效节水灌溉建设和改进现代化大中型灌区配套设施。积极推进工程节水、农艺节水和管理节水深度融合。全力打造设施农业基地，持续扩大设施农业高效集约型生产规模，推动特色优势产业规模化、标准化、品牌化发展，提高农业用水效益。关于工业领域节水，实施节水工艺技术改造，在现有工业企业和建成园区开展以节水为重点内容的绿色高质量转型升级和循环化改造，加快节水及水循环利用设施建设。推行水循环梯级利用，积极建设工业污水处理再生利用项目，减少污水排放，实现一水多用和循环利用。推动高耗水行业节水增效，对列入高耗水、技术和装备淘汰名单的工业单位，不予批准取水许可证，严格改造不达标的用水单位。落实最严格的水资源管理制度，建立重点用水单位监控名录，对纳入取水许可管理的单位和其他用水大户实行计划用水管理。严格限制不合理取用水（定量化），对农业、工业等行业领域实施更严格的节水标准，加大非常规水和降水资源利用，提高水循环利用水平。

加强风险区域治水。关于大型江河防洪，要建设堤防、防洪水库和蓄滞洪区，辅以河道整治。整治河道，加固重点岸线和堤防基础，同时在土地低于洪水水位地区修建堤防。合理修建水库，减轻中下游平原区堤防的防洪压力。规范防洪保护区的土地利用，保障重点地区和水库的安全。提高洪水预警预报系统的精准水平，完善避险抢险的规章制度。关于山洪防治，科学规划与管理山丘区的土地利用，限制在高风险地区进行开发；进行山洪灾害风险区划工作，并结合历史调查山洪灾害发生的频率和损失情况，制作山洪灾害风险图，供地方政府制定土地利用规划参考，同时加强社会层面对可能的山洪灾害风险的宣传。完善灾害监测预警和通信系统建设，建立山洪灾害风险分担机制，鼓励人们购买洪水保险，使灾害造成的损失由政府和社会来共同承担。关于内涝防治，需要综合考虑城市所在区域位置和经济社会发展状况。对于降水量较低的城市，推行海绵城市建设方案，促进城市雨水的循环使用；对于降水量较高的城市，在建设海绵城市的同时，还需要疏通城市河网，实施水系连通，保护和保留必要的湖泊湿地等低洼地区，蓄水调洪，也要建立城市排水区信息系统，实时监测、预警及信息发布，及时向公众发布涝水地点及淹没深度等信息和交通疏导应急方案。

5.4.2 陆地生态系统

统筹推进山水林田湖草沙一体化保护和系统治理，优化国家生态安全屏障。要始终坚持系统思维。牢固树立自然生态系统、人与自然复合生态系统的意识,坚持系统思维,系统地保护、修复、治理生态系统,消除地域间、部门间、过程间的割裂,实现全方位、全地域、全过程的保护修复。当前,尤其要加强基于美丽中国、生态文明建设全局下的生态系统保护修复,不过度追求单一生态要素的性状改善,而是注重生态系统功能和品质的提升。要按规律推进生态系统保护修复。始终树立生态系统的理念,尤其要注重人与自然复合生态系统的维系、保护和修复,把握和遵循自然规律,以及经济规律和社会运行规律。坚决避免、制止违背规律(特别是自然规律),过度干预自然的行为和现象,如沙漠人造景观、长距离引水植树等。

依据国土空间总体规划以及国土空间生态保护修复等相关专项规划,在一定区域范围内,为提升生态系统自我恢复能力,增强生态系统稳定性,促进自然生态系统质量的整体改善和生态产品供应能力的全面增强,遵循自然生态系统演替规律和内在机理,对受损、退化、服务功能下降的生态系统进行整体保护、系统修复、综合治理的过程和活动。

坚持规划引领、标准规制。制定实施国家、区域、流域、地区层面的生态系统保护修复的规划体系,制定实施国家、区域、流域、地区层面的生态系统保护修复的技术标准体系。坚持因地制宜、循序渐进。加强对重点区域、重点流域生态系统的调查评价诊断,针对功能定位和关键问题,推进重点区域、重点流域的生态系统保护与修复。开展重点国土空间单元的生态修复。在青藏高原生态屏障区、黄河重点生态区(含黄土高原生态屏障)、长江重点生态区(含川滇生态屏障)、东北森林带、北方防沙带、南方丘陵山地带、海岸带等重要生态功能区,有针对性地开展重要生态系统保护和修复重大工程。

5.4.3 海洋生态系统

统一协调海岸带部门管理,加强各分工管理部门之间横向联系,充分解决各个部门间的矛盾,消除系统上的损失。积极推进管理条例、规章制度以及法律法规的建设,制定对资源纠纷的处理方法。合理制定综合管理规划的程序和开发项目审批程序及建立许可证制度。明确环境污染处罚和建立自然保护区奖励的机制。

加强海洋环境监管能力建设,需要落实主体功能区划以及海洋功能区划,这也是主体功能在规划过程中对海洋空间的保护和开发所起到的基础性作用,充分发挥海洋主体的功能作用。需要健全海洋生态环境在保护过程中的应急响应机制,制定针对赤潮、化学品泄漏等海洋环境灾害的应急预案。

积极保护脆弱地区和修复破坏地区生态状况,集成研发人工干预与自然演替相结合的复合技术体系,适当通过人为干预为海岸带生态系统恢复创造条件。注意适应海岸带特殊条件,注重提升海岸带生态系统功能和结构,研发适合海岸带生态整治修复新技术。支持景观尺度的复合生态系统构建,协调好海堤、海堤以外潮带生态系统和海堤以内人类活动与自然的友好关系,权衡好生态系统服务与空间价值,根据岸线特点和当地需求,依托大都市自身空间规划,促进海岸带生态系统服务的价值化和本土化。

合理支配海洋环境保护的资金,并纳入政府财政保障的范围,专款专用,加强政府和社会资本的合作。通过经营许可证以及服务购买等方式，鼓励越来越多的社会投资以多渠道、多层次、多方位资金拓展的方法获取更多资金支持。加大人才的培养力度，对基层海洋环境保护相关专业技术人员进行培训，开展合理高效的海洋保护工作。要引进智慧工程，实现人才在参与工作的过程中其能力得到充分发挥，为海洋环境保护工作提供保障和支持。

5.5 强化经济社会系统适应气候变化能力

5.5.1 粮食安全

建立农业气候影响与评估制度。明确农业气候影响与评估机构，确定农业气候影响与评估的范围规定研究成果发布的程序与途径、方式，保证相关政府部门及农户方便、及时获取相关信息，为政府和农村社区与农户采取必要适应措施，减少损失并实现潜在效益提供必要支持。

在农业适应规划制度中应明确中长期农业适应的基本目标、农业适应的基本原则、具体的行动方案、各相关部门的职责与分工、与相关活动的协调与配合等具体内容。农业适应规划应当是国家气候变化应对规划、农业发展规划中的一个重要组成部分。农业适应的技术性决定了建立农业适应技术开发与共享制度的重要性。

农业适应技术开发制度应以明确农业适应技术开发机构、确定国家及各地区农业适应技术研究范围和优先顺序、开发农业适应技术的激励政策等为主要内容。开发农业适应技术的目的主要在于提高社区和农户的农业适应能力，所以农业适应技术的共享制度必不可少。但是技术的无偿传播会极大地影响技术开发者的积极性，所以除对技术共享的范围、程序和方式作出规定外，还应当保护技术开发者的合理利益，建立共享技术利益补偿制度，以平衡开发者与使用者之间的利益。

推广国内农业适应知识的收集途径、渠道和方式，建立国家农业适应知识信息库，国家农业适应知识交流平台，农业适应知识的识别、分类、管理、更新以及维护农业适应知识的传播与发布等内容。

农业适应资金制度应当规定农业适应资金的筹集、农业适应资金的管理、农业适应资金的分配、农业适应资金使用的监督管理、农业适应资金的绩效评估等内容。在农业适应资金的分配上要特别关注边远地区和贫困地区在农业适应中的特殊困难。

政府要通过农业适应行政指导制度有计划地进行农业结构调整，显然尤为重要。此外诸多农业适应技术的实施如作物品种布局技术、种植制度调整、节水与灌溉技术、病虫害防治技术、农业多样性（包括基因、品种及生态系统等）保护技术等也离不开农业适应行政指导制度的保障。建立农业适应培训与教育制度，广泛开展农业适应培训与教育具有重要意义。

5.5.2 公共卫生

进一步促进跨部门的协同合作，全面保护和改善中国人民的健康。医疗卫生部门，特别是新组建的国家疾病预防控制局,应在详细职责中增加"指导气候变化健康风险应对"的内容,明确极端气候变化对健康和公共卫生的影响和带来的风险,并采取应对措施,推进气象、水利、疾控、经济发展等有关部门间政策融合制定,以实现重点领域对极端气候事件适应能力以及制定综合干预措施。并采取应对措施。此外,中国与气候和宏观经济发展有关的部门应将健康纳入其政策制定和执行中,以充分体现世界卫生组织和习近平总书记提出的"健康中国"相结合。

加强气候变化对健康影响的评估,并制订相应的国家和地方气候健康适应计划。应将与"减少气候变化相关的健康风险"相关的工作纳入每年"健康中国"工作重点中,优先事项包括加强气候-健康风险预警和应对网络建设、促进系统的健康风险和脆弱性评估,以及提高医疗保健机构对气候-健康风险的应急能力。

建议加强社会宣传,提高各界对气候-健康联系的认识。应充分调动卫生专业人员、学术界、传统媒体和新媒体,提高公众和决策者对气候变化与健康之间重要联系的认识,积极开展国家和地方的宣传活动。

提升基层弱势群体和卫生工作者适应气候变化的能力。聚焦农村、脆弱社区和贫困群体进行特殊关怀,大力开展气候变化对人体健康的影响以及提升农村、社区等基层卫生工作者适应气候变化能力的科普宣传与培训工作。

5.5.3 建设生态节水城市

健全完善法规制度,推进节水依法管理,建立节水规划体系,健全节水法规体系,完善节水管理体系。制定相关节约用水条例,强化水资源利用刚性约束,明确"公共绿化浇灌、道路冲洗不得取用公共供水"。制定排水管理条例,管理范围覆盖城乡,加快水利水务一体化进程。深入实施河道管理,落实全面推行河长制、湖长制要求,明确工作体系、工作任务、工作职责、履职要求等。编制节约用水、雨水和再生水利用、防洪排涝、雨污水管网等涉水规划和计划,明确目标要求和工作任务。出台统计报表、计划用水、水平衡测试、排污许可、海绵城市规划建设管理、非常规水资源利用等有关的制度、意见、办法,进一步细化执行层面的操作。

强化基础管理,加强计划用水与定额管理,由事后管理转为向事前服务,建立计划用水预警提示机制,强化重点用水户监督管理。发布电子、造纸、宾馆、医院等行业主要产品用水定额,修订工业用水、城市生活、公共用水定额。推进水平衡测试、用水审计、合同节水、水效领跑者管理,不断提高用水效率。实行节水"三同时"管理,市发改委、规划局、经信办、水务局、住建局等部门通力合作,形成常态化管理机制。加快城市非常规水资源利用,推进城市雨水、再生水利用,市区污水处理厂配套建设再生水处理设施,尾水用于河道景观、道路冲洗、工业等方面。

增强节水整体性,完善城乡结合,要充分利用城乡深度融合、水利水务一体化优势,以实施乡村振兴战略为牵引,加快推进农村人居环境整治,不断提高城乡公共服务均等化水平,推行农村供水、排水、水环境"三位一体"管理。推进农业面源污染防治,积极推动节水农业示范区创建,开展节水灌溉新技术研究、推广、应用,集中连片建设生态循环农业示范区;强化畜禽养殖污染治理,在饮用水源地保护区等环境敏感脆弱地区依法划定畜禽养殖禁养区;全面实施养殖池塘标准化改造,严控围网养殖面积。推动城市节水工作向农村区域拓展,探索建立覆盖全域的节水创建网络,加强农村供水管网现状的调查与评估,对农村用水器具市场进行源头管控,探索财政补贴机制,推广农户使用节水器具。

5.6 提升关键脆弱区域适应气候变化能力

在区域内国土空间规划中深化水资源、气候承载力与环境容量等重要内容,合理配置区域内人口承载。实施最严格水资源管理政策,实施取用水总量红线预警机制,同时加强大城市雨水资源化利用,推动海水淡化产业发展。强化极端气候事件监测预警,加强防灾减灾协调联动。发挥当地科技、教育、文化资源优势,引领全国适应气候变化科学研究与技术研发。

要加强实时高温健康监测,针对不同人群阈值发布高温预警信息,加强气候敏感疾病传播风险监测预警。同时统一规划、科学部署城市绿化空间建设,增加城市湿地、绿地与水体缓解热岛效应。完善区域内灾害会商、信息互通、协同处置机制,重点加强对海平面上升、台风与海洋灾害的协同监测、预警和应急响应。同时扩大河流上游水库容量,增强枯水季节以淡压咸能力。

要持续提升长江流域生态环境质量,坚持以自然恢复为主,统筹推进水系连通、退耕退养还林还湿等重要生态系统保护修复工程。开展流域水生态系统完整性调查与评价,加强水生生物多样性保护和恢复。保障水资源安全,加强长江流域水资源统一管理和调配,深入开展水工程联合调度,加强重点河湖生态流量保障监测预警,保障河湖生态流量。

要推进黄河流域生态保护和高质量发展战略区的水权改革和水资源有偿使用制度,严格限制水资源超量开采,发展节水产业和区域特色优势农产品加工业,强化水源涵养保护,持续推进实施重大生态保护修复和建设工程,加强气候变化风险监测预警,精细评估区域风险,加强黄土高原淤地坝系工程和坡改梯等水土保持及生态建设,推动区域协同治理体系建设,创新气候变化应对的生态治理机制,以生态促发展。

第3篇

中德两国气候研究合作建议

近年来,全球气候变化问题日益严峻,成为各国共同面临的重大挑战。作为世界上最大的发展中国家,中国高度重视应对气候变化,克服自身经济、社会等方面困难,实施一系列应对气候变化战略、措施和行动,参与全球气候治理,应对气候变化取得了积极成效。中共十八大以来,在习近平生态文明思想指引下,中国贯彻新发展理念,将应对气候变化摆在国家治理更加突出的位置,不断提高碳排放强度,不断强化自主贡献目标,以最大努力提高应对气候变化力度,推动经济社会发展全面绿色转型,建设人与自然和谐共生的现代化。2020年9月22日,中国国家主席习近平在第七十五届联合国大会一般性辩论上郑重宣示:中国将提高国家自主贡献力度,采取更加有力的政策和措施,二氧化碳排放力争于2030年前达到峰值,努力争取2060年前实现碳中和。这一宣示不仅展示了中国对实现经济和社会深刻转型的坚强决心,也为全球应对气候变化注入了新的动力和希望。

德国作为全球环境保护和可持续发展领域的领军国家,一直以来在气候政策、技术创新和可再生能源利用等方面走在世界前列。德国气候保护政策的指导原则是《联合国气候变化框架公约》、2015年的《巴黎协定》,也包括2030年议程和气候公正原则。通过《巴黎协定》,国际社会为自己设定了将全球变暖限制在远低于2℃的目标,如果可能的话,则限制在1.5℃以下。德国政府对这一气候保护目标给予了"最优先权"。此外,几十年来,环境保护和自然保护一直是德国议程上的重点。特别是,对抗物种灭绝是政府议程中的首要任务。德国希望到2045年成为一个气候中立的工业化国家,这使德国成为对抗气候危机的国际先锋之一。

中德两国在应对气候变化和推动绿色发展方面有着广泛的共同利益和合作基础。自中德政府磋商机制建立以来,环境与气候问题一直是双方讨论和合作的重点议题之一。特别是近年来,中德两国政府通过一系列高层磋商和政策对话,为两国在战略性、全局性和长期性环境与气候问题上的合作提供了宝贵的机会和重要指导。中德气候研究合作的意义不仅在于应对全球气候变化的紧迫需求,还在于推动两国经济社会的可持续发展。通过合作,双方可以在更高的政治层面和更综合的领域统筹推进环境保护和应对气候变化的工作。这不仅有助于实现各自的气候目标,还能为全球应对气候变化、促进可持续发展树立榜样,向世界传递构建人类命运共同体、建设清洁美丽的地球家园的共同愿景。

本文基于全球变暖背景,着眼中德两国应对气候变化的一致目标,在全面梳理中德环境与气候合作历程的基础上,总结归纳了中德环境与气候合作的成果成效,考虑两国各自发展战略及利益需求,为中德气候研究的深化合作作出如下综述及建议。

1 背景概述

1.1 气候研究背景

自工业革命以来,人类活动对地球环境的干预愈加深刻,特别是温室气体的大量排放,已成为全球气候变暖的主要推手。IPCC第六次评估报告第一工作组报告指出,2011—2020年全球地表温度比1850—1900年高[1.09℃(0.95～1.20℃)],陆地[1.59℃(1.34～1.83℃)]的升幅大于海洋[0.88℃(0.68～1.01℃)]。人类活动引起了大气、陆地和海洋变暖是毋庸置疑的,人类引起的气候变化对自然和人类造成广泛不利影响和相关损失及损害,远超自然气候变率造成的影响。

随着工业化的加速和人口的不断增长,这一趋势愈加明显,对地球生态系统的平衡和人类社会的发展带来了前所未有的挑战。根据世界气象组织的最新报告,温室气体水平、地表温度、海洋热量和酸化、海平面上升、南极海洋冰盖和冰川退缩等方面的纪录再次被打破,有些甚至是被大幅度刷新。WMO这份报告确认,2023年是有记录以来最热的年份,全球平均近地表温度比工业化前基线高出1.45 ± 0.12 ℃,大大超出此前最热年份的升温幅度,并进一步逼近《巴黎协定》所设立的1.5℃控温目标。全球尺度上极端气候也已经发生了巨大的变化,包括极端冷事件减少,极端暖事件、热浪和干旱增加,以及极端降水事件频率、强度和持续时间的变化,对全球自然生态系统产生了明显影响,给人类社会的生存和发展带来了严峻挑战。

气候变化已成为全球范围内最为紧迫的环境问题,世界各个区域均面临着前所未有的气候系统变化,从海平面上升、频发的极端气候事件到海冰迅速融化。并且随着全球气温的持续上升,将进一步加剧这些变化。

中国是全球气候变化的敏感区和影响显著区之一,自20世纪中叶以来,中国区域升温率明显高于同期全球平均水平,极端气候事件发生的概率和强度出现了明显增加、增强的趋势,对中国的经济社会发展、生态平衡及安全构成了巨大威胁。作为全球最大的发展中国家,中国高度重视应对气候变化问题,中国承诺在2030年前二氧化碳排放达到峰值,2060年前实现碳中和,正展示出前所未有的对实现经济和社会深刻转型的坚强决心。中国将生态文明建设摆在全局工作的突出位置,将生态文明写入宪法,并将应对气候变化全面融入国家经济社会发展的总战略中,提高国家自主贡献力度,采取更加有力的政策和措施应对气候变化。中国政府提出了一系列政策措施,如《中国应对气候变化国家方案》《中国应对气候变化的政策与行动》等,明确了应对气候变化的目标、任务和措施,以应对气候变化带来的挑战。同时,中国积极参与全球气候治理,推动国际合作,是《联合国气候变化框架公约》和《巴黎协定》的重要参与国之一,为全球应对气候变化作出自己的贡献,推动构建人类命运共同体。

德国作为欧洲领先的工业国家,在气候变化问题上同样展现出了坚定的立场和积极的行动。德国政府制定了严格的气候保护政策,提出了"能源转型"战略,致力于减少化石能源的使用,推动可再生能源的发展。德国在风能、太阳能等清洁能源领域具有世界领先地位,其技术和经验为全球提供了宝贵借鉴。此外,德国还积极参与国际气候治理,推动全球气候治理进程,也是《联合国气候变化框架公约》和《巴黎协定》的积极倡导者和支持者之一。

人类只有一个地球,地球是全人类赖以生存的唯一家园。面对生态环境挑战,人类是一荣俱荣、一损俱损的命运共同体,没有哪个国家能独善其身。中德两国作为全球重要的经济体和负责任的大国,在气候变化问题上都扮演着重要的角色,并承担着相应的责任。中德间气候合作已成为中德合作的新亮点、新支柱、新引擎。中德在推动绿色低碳发展方面理念相通,具有广泛共识,合作基础扎实,且双方在环境与气候领域互补性强,合作前景广阔。中德间气候合作不仅符合双方的利益,在全球气候危机加剧、世界经济低迷的背景下更加凸显其战略性,具有世界性意义。两国应通过国内政策调整和国际合作,开展环境与气候合作,携手维护地球家园的可持续发展,共同应对气候变化的挑战,为全球气候治理贡献自己的力量。

1.2 中德合作背景

1.2.1 中德气象合作

中德气象部门之间的合作可追溯至20世纪80年代。1980年5月,中德签订了《中华人民共和国中央气象局和德意志联邦共和国德国气象局关于建立北京——奥芬巴赫气象电路的协议》,开启了两国气象科技合作的先河。该协议强调,为加强中华人民共和国中央气象局和德意志联邦共和国德国气象局之间气象情报的交换,并考虑到世界气象组织第八次大会和基本系统委员会第七届会议关于进一步改进世界天气监视网的意见,双方同意建立北京—奥芬巴赫气象电路,并建议世界气象组织将该电路作为世界天气监视网全球电信系统主干线及其支线的组成部分。电路从1980年7月15日开始测试,1980年8月1日正式交换气象情报。

2008年6月,双方签署了《中国气象局与德国气象局大气科技合作谅解备忘录》,全面开展气象业务合作。2008—2013年间,中德气象部门专家在业务预报系统、气象通信、WIS开发技术、全球基准高空网、降水观测资料、历史资料等领域开展了积极的交流合作。

2014年6月17日,中国气象局局长郑国光应邀访问了位于德国奥芬巴赫的德国气象局总部。

德国气象局副局长 Paul Becker 博士介绍了德国气象局业务和管理的基本情况,郑国光介绍了中国气象局有关情况。郑国光强调,中德两国战略伙伴关系不断深化,中德气象部门在包括观测业务自动化、高性能计算、数值天气预报及公共天气气候服务在内的现代化改革中存在诸多共同兴趣,未来发展面临类似的挑战和机遇。为此,双方商定继续在双边协议下推进合作项目的执行,特别关注重点领域的交流与合作,并进一步加强在有关国际组织中的协调。郑国光还参观了德国气象局天气预报和咨询中心及气象计算中心。

1.2.2 中德贸易合作

2024 年是中德建立全方位战略伙伴关系 10 周年。中德建交半个多世纪以来,两国关系保持高质量发展,两国高层交往密切,务实合作持续深化。专家分析指出,在当前复杂多变的国际形势下,中德经贸合作有望在拓展传统领域合作潜力的同时,加强在绿色产业、数字经济等新领域合作,为全球经济注入更多稳定性。

"投资中国"的热度,从一个方面反映了中德经贸投资合作的紧密程度。德国工商大会上海代表处首席代表马铭博表示,2023 年德国对华直接投资逆势上涨,足见德国企业对于在华发展的信心。

德国经济研究所发布的一份报告显示,2023 年德国对华直接投资总额达到创纪录的 119 亿欧元,同比增长 4.3%。从 2021 年至 2023 年,德国企业在中国的投资额大致相当于其 2015 年至 2020 年在中国的投资总额。此外,2023 年德国对华投资占德国海外投资总额的比重达到 10.3%,达到 2014 年以来最高水平。

据德国联邦统计局数据,2023 年,中国连续 8 年成为德国最重要的贸易伙伴。德国连续 49 年是中国在欧洲最大贸易伙伴。据中国商务部统计,中德贸易额占中欧贸易总额的 1/3,德国对华投资占欧盟对华投资的 1/3,中德经贸关系已经形成"你中有我、我中有你"的良好局面。

同济大学德国研究中心主任郑春荣接受记者采访时说,如今,随着中国大力发展新质生产力,产业能级不断上升,系列配套优惠政策和支持措施正在逐步推出,中国与德国在绿色转型、气候变化、新能源产业、数字经济等新兴领域涌现许多新合作机遇。

2024 年 2 月,朔尔茨在出席慕尼黑安全会议期间表示:"德国经济深度融入全球化,发展受益于自由贸易,德方反对保护主义,反对'脱钩断链',乐见中国发展振兴,愿为其他国家在德企业提供优质营商环境。当前国际局势面临艰难时刻,德方愿同中方一道,为维护和平稳定发挥积极作用。"德国联邦议院德中议会小组主席弗里德里希强调,德中经贸合作是全球化的典范,两国应携手应对挑战,为德中企业合作带来更大确定性。

1.2.3 中德新能源合作

2023 年中德汽车大会以"引领•革新•超越"为主题,在中国长春市举办。中德两国政府官员、汽车业界、学界代表围绕全球汽车产业转型发展与中德汽车产业合作新机遇等话题展开探讨。与会人士认为,汽车产业合作是中德经济合作的典范和标杆。随着全球汽车产业加速转型,两国汽车产业加强合作实现共赢,对全球汽车产业发展形成有力支撑,这种"双向奔赴"符合中德两国共同利益。

德国驻华大使馆公使葛若海在大会期间表示,德方坚持积极发展同中国汽车工业的合作,双方共同面对未来的挑战,期待在未来发展中实现经济和技术上的互利共赢。

英国《金融时报》网站报道称,德国大众汽车集团2024年一季度在中国的电动汽车和内燃机汽车交付量强劲增长。大众汽车集团报告显示,2024年一季度,该公司在中国交付69.4万辆汽车,同比增长近8%,其中电动汽车交付量同比大增91%。

作为近年来德国对华投资最大的新能源汽车项目,计划投资额超过300亿元的奥迪一汽新能源汽车有限公司长春测试中心已正式启用。该公司首席执行官赫尔穆特·施泰特纳(中文名施睿哲)说,预计从2026年起,豪华车型细分市场中新能源车的数量将超过传统燃油车。面对新机遇,公司迅速制定了战略方针,并在中国推行明确的电动化战略。

德国弗劳恩霍夫无损检测研究所首席商务发展经理克里斯蒂安·康拉德说,参加此次大会的目的就是与比亚迪这样的新能源汽车领军企业取得联系,未来会尽全力去和这样的企业合作。

1.3 气候研究的目的与意义

气候研究不仅仅是我们理解、预测和应对全球气候变化的基础,更是连接自然、经济、社会与未来的桥梁。在这个充满挑战与机遇的时代,气候研究扮演着至关重要的角色。

首先,气候研究的重要性在于其对我们气候系统的深刻洞察。气候系统是一个庞大而复杂的网络,它涵盖了大气圈、海洋圈、岩石圈、冰雪圈等多个方面,这些要素之间相互影响、相互制约。通过对气候系统的深入研究,我们能够更准确地把握气候变化的规律,从而预测未来的气候变化趋势。这种预测能力对于政策的制定和决策的选择至关重要,它能够帮助我们提前采取应对措施,减轻气候变化带来的负面影响。

其次,气候研究的意义在于为政策的制定和决策的选择提供科学依据。全球气候变化已经对人类社会产生了深远的影响,包括极端气候事件的增多、海平面上升、生物多样性减少等。为了应对这些挑战,各国政府需要制定出一系列政策和措施。而气候研究正是这些政策和措施制定的基础。通过气候研究,我们可以了解不同政策对气候变化的影响程度,评估政策的可行性,为政策制定提供科学依据和数据支持。这不仅有助于各国政府制定出更加科学合理的政策,还能够提高政策实施的有效性和针对性。

此外,气候研究还对于保障全球环境和生态安全具有重要意义。气候变化对全球的土壤、水资源、植被和动物群落等生态系统都产生了不可逆转的影响。通过气候研究,我们可以了解这些影响的具体机制,从而采取有效措施减缓气候变化的影响,保护全球环境和生态安全。这对于维护地球生态平衡、促进生物多样性等方面都具有重要意义。

气候研究同样在推动经济可持续发展方面发挥着重要作用。气候变化对经济发展具有重要影响,它可能导致资源短缺、生产成本上升等问题。然而,气候研究也为我们提供了新的发展机遇。通过开发新能源、新材料等产业,我们可以推动经济向低碳、绿色、可持续的方向发展。这不仅有助于缓解资源短缺问题,还能够提高经济效益和竞争力。同时,气候研究还能够推动相关产业的发展,为经济增长提供新的动力。

气候研究还促进了国际合作和交流。气候变化是全球性问题,需要各国共同努力开展合作。气候研究需要各国共同参与、数据共享等方面的合作,这有助于加强国际合作和交流,推动全球气候治理进程。通过国际合作,我们可以共同应对气候变化带来的挑战,分享经验和成果,共同推动全球可持续发展。

最后,气候研究在提高公众环保意识和科学素质方面也具有重要意义。通过宣传和教育,我们可以让更多人了解气候变化的影响和应对措施,提高公众对环境保护的意识。同时,气候研究还能够提高公众的科学素质,鼓励更多人参与到环境保护和应对气候变化的行动中来。这种广泛的参与和共识是推动全球气候治理进程的重要力量。

对于中国而言,气候研究是环境保护和可持续发展的基石。中国正处于经济快速发展和城市化进程加速的关键阶段,面临着环境污染、生态破坏等一系列挑战。气候研究有助于中国更加清晰地认识到气候变化所带来的风险和挑战,从而制定出更加符合国情的气候政策和可持续发展战略。同时,气候研究还能为中国在全球气候治理中提供更多科学数据和政策建议,提升中国在国际舞台上的话语权和影响力。

对于德国而言,气候研究同样具有不可忽视的重要性。德国政府通过深入的气候研究,能够更准确地评估气候变化对生态、经济和社会的影响,进而制定出更为科学合理的减排政策和能源转型策略。此外,气候研究还为德国的城市规划提供了重要参考,确保城市建设的绿色、低碳和可持续性。

综上所述,气候研究不仅有助于深入了解气候变化的规律和机制,提高科学认识和理论研究水平,还能够为政策的制定和决策的选择提供科学依据,保障全球环境和生态安全;同时推动经济可持续发展,促进国际合作和交流,提高公众环保意识和科学素质。因此,中德两国应该加强在气候研究领域的合作与交流,共同推动全球气候治理的进程。

2　中德两国气候研究合作目标

2.1　联合国层面的倡议

在全球气候治理的背景下,中德两国积极响应并参与了《联合国气候变化框架公约》和《巴黎协定》的相关行动和承诺。中德两国在此框架下,承诺加强气候行动,共同推动全球气候目标的实现。

(1)强化减排措施:双方应通过政策和技术手段,减少温室气体排放。

(2)适应气候变化:中德两国应加强在气候变化适应领域的合作,共同研究和推广适应气候变化的最佳实践。包括提高城市和农村地区的气候韧性、改善水资源管理、应对极端气候事件等。

(3)气候政策对话:双方应定期进行气候政策的对话,分享各自的政策经验和创新成果,共同探讨应对气候变化的新策略和新方法。同时双方应在国际气候合作平台上密切协作,共同倡导和推动全球气候治理的进程,发挥两国在国际社会中的引领作用。

(4)法规协调:中德两国应加强在气候法规和标准方面的协调,促进双方在碳市场机制、绿色金融等方面的合作,推动全球气候治理体系的完善。

2.2　气候层面

可再生能源:双方应加强在太阳能、风能、生物质能等可再生能源技术领域的合作,推动技术创新和市场应用,提高可再生能源在能源消费中的比例。

储能技术:中德两国应合作研发和推广先进储能技术,以解决可再生能源不稳定性的问题,提高能源系统的灵活性和稳定性。

示范项目:中德两国应合作建设一批气候合作示范项目,验证相关技术的可行性和效果,为大规模推广提供实践经验。

2.3 合作方面

联合研究项目:双方应设立联合研究基金,支持在气候变化机理、影响评估、应对策略等方面的研究项目,推动科研人员的交流与合作。

数据共享:中德两国应建立气候数据共享平台,促进气候数据的开放和共享,提高气候研究的效率和准确性。

学术交流:双方应定期举办气候变化领域的学术会议和研讨会,促进科研人员和学者的交流与合作,推动科研成果的转化和应用。

3 中德两国气候研究发展现状

3.1 中国气候研究工作概况

2023年7月8日,中国气象局在生态文明贵阳国际论坛上发布了《中国气候变化蓝皮书(2023)》。蓝皮书指出随着全球变暖的持续,中国作为全球气候变化的敏感区和影响显著区,中国升温速率高于同期全球水平,平均年降水量呈增加趋势,气候风险指数呈升高趋势,极端高温事件频发趋强,极端强降水量事件增多。2023年12月29日,中国社会科学院、中国气象局气候变化经济学模拟联合实验室与社会科学文献出版社联合发布了第15部气候变化绿皮书——《应对气候变化报告(2023):积极稳妥推进碳达峰碳中和》。该绿皮书同样也指出,随着全球气候变暖加剧,我国极端天气呈发生数量大、影响区域广、强度极端性增大、屡创历史纪录、无前兆突发性事件增多的趋势,对人民生活和社会经济都造成了极大影响。根据国家气候中心研究,2023年,我国区域性极端强降水、大范围极端高温热浪、持续性极端骤旱、高影响极端寒潮等事件发生频率增大;极端天气呈现极端性强、破坏性强、反常性强的特点;时空尺度上非典型的极端天气接连发生,气候变化突破了季风气候的规律性;极端天气呈现快速转换趋势,旱涝急转、冷暖急转等异常现象频繁发生;复合型气象灾害接踵而来,局地性、突发性、灾难性事件趋多。同时进一步变暖将加剧中国区域性气候风险,未来我国高温、干旱、暴雨洪涝、强台风等极端气候事件频发,风险增加的地区几乎全部位于我国东部人口、经济稠密地区,社会暴露度高、脆弱性大,经济社会安全受极端气候事件影响加重。

气候变化是全球面临的共同挑战。应对气候变化,关系人类前途和未来,事关中华民族的永续发展。中国一贯高度重视应对气候变化工作,坚定不移地走生态优先、绿色低碳的高质量发展道路,促进人与自然和谐共生,推动构建地球生命共同体。近年来,中国为应对气候变化积极颁布相关政策,积极推进清洁能源技术创新及产业化发展。生态环境部发布的《中国应对气候变化的政策与行动2023年度报告》全面总结了2022年以来我国应对气候变化工作的新进展和新成效。报告指出,到2022年,单位GDP的碳排放量与2005年的水平相比减少51%以上,这一变化反映中国正努力将环境因素纳入经济发展进程。报告还重点介绍了中国在可再生能源和植树造林方面取得的进展。截至2022年底,非化石能源消费占能源消费总量的17.5%,可再生能源总装机容量达到1.213TW。2021年全国森林覆盖率为24.02%。在交通运输方面,中国新能源汽车保有量不断增加,上路总量超过1620万辆,占全球总量的很大一部分。中国的全国碳市场也在不断发展,截至2023年6月30日,全国碳市场碳排放配额(China Emission Allowance,CEA)累计成交量2.38亿t,累计成交金额109.12亿元。

未来,中国将继续积极应对气候变化,这是中国立足新发展阶段、推动高质量发展的内在要求,也是主动担当大国责任、推动构建人类命运共同体的迫切需要。党的二十大报告将应对气候变化作为促进人与自然和谐共生的现代化的重要内容,要求统筹产业结构调整、污染治理、生态保护、应对气候变化,协同推进降碳、减污、扩绿、增长,推进生态优先、节约集约、绿色低碳发展。2023年7月召开的全国生态环境保护大会要求处理好高质量发展和高水平保护、重点攻坚和协同治理、自然恢复和人工修复、外部约束和内生动力、"双碳"承诺和自主行动的关系,并将积极稳妥推进碳达峰碳中和作为美丽中国建设的一项重点任务。《中国碳达峰碳中和政策与行动(2023)》报告明确指出,中国将继续落实好"双碳""1+N"政策体系,积极参与应对气候变化全球治理。中国生态环境部也将深入推进应对气候变化相关工作,编制印发《应对气候变化重点任务(2023—2025)》。

3.2　德国气候研究工作概况

气候变化已成为全球性挑战,对各国的环境、经济和社会带来了深远的影响。在气候变暖的背景下,欧洲是全球气温上升最快的地区,气温上升幅度是全球的2倍多。*Climate Impact and Risk Assessment 2021 for Germany* 报告指出,德国的年平均气温自1881年以来已上升约1.6℃,预计未来还将继续上升。自1881年以来德国降水量增加了8.7%,冬季增幅尤其大(+25%)。大约9%的建筑面积和7%的农田面积面临百年一遇的洪水风险。自1921年以来,平均海平面上升了15~20cm,使320万人(约占总人口的4%)面临沿海洪灾风险。与此同时,干旱情况明显加剧。自1961年以来,土壤湿度值较低的天数(9d)平均增加了4.8d。在过去20年中,德国经历了大量极端气候事件,特别是洪水、风暴、干旱和热浪,这些事件对社会、环境和经济产生了重大影响。2018—2020年间,德国记录了近20 000例与高温有关的死亡病例,其中老年人尤为多。2021年北莱茵-威斯特法伦州和莱茵兰-普法尔茨州的洪水灾害造成180人死亡,800名居民受伤。这是德国过去60年来最致命的水灾。气候变化最大的地区发生在德国西部和南部。极端气候将最常发生在西南部和东部。河流和河谷可能会受到水位下降和洪水等风险的影响。在沿海地区,海平面上升带来的危害将在21世纪下半叶显著增加。如果气候变化严重,到21世纪末,整个德国都将成为气候变化风险的热点地区。根据环境部的报告,到2050年,气候变化的后果可能给德国带来高达9000亿欧元的损失。

气候变化正在威胁着德国的未来,联邦环境部长斯文娅·舒尔策表示面对气候的变化最重要的预防措施是坚决采取气候行动,采取全面的预防措施,各级政府都必须参与其中,以应对已经无法避免的气候变化后果。德国虽然已经制定了十多年的适应战略和行动计划,但措施大多仍是自愿性的。《2008年德国适应气候变化》战略(Strategy for Adaptation to Climate Change,DAS)制定了一个总体框架,使所有相关机构、政府层面和非政府利益相关方团体都能采取适应行动。在此战略的基础上,联邦环境、自然保护、核安全和消费者保护与食品安全部(Bundesministerium für Verbraucherschutz und Lebensmittelsicherheit, BMUV)制定了定期的气候风险评估、适应行动计划以及监测和评估报告。这些使德国能够逐步调整其适应政策。然而,正如反复发生的极端气候事件造成的毁灭性损失和破坏所表明的那样,德国在建立复原力和及时应对气候变化方面仍然存在重大差距。随着2009年气候变化适应跨部门工作组(Interministerielle Arbeitsgruppe Anpassung an den Klimawandel,IMAA)的成立,德国很早就认识到,适应需要融入所有部门。在过去几十年中,由BMUV协调的IMAA促进了跨部门适应对话。每年通过两次的法定会议,提高了人们对气候风险的认识。2021年德国气候影响与风险评估(Klimawirkungs and Risikoanalyse,KWRA)中对土地、水、基础设施、经济和健康等广泛领域进行了全面综合的评估。它为高温、干旱、极端温度和降水变化提供了区域气候灾害模型,使其能够识别易受气候灾害影响的热点地区。对于选定类型的灾害,例如洪水,可以使用详细的暴露地图,评估某些要素(例如人数)和经济活动如何暴露于灾害。《2050年森林战略》为受气候干旱威胁的285万 hm^2 森林制订了森林转换计划。《国家水资源战略》鼓励跨部门措施应对关键气候风险,例如使水利基础设施适应气候。同样,其他部门也越来越多地在战略层面考虑适应。然而,一些部门正在评估气候风险,但尚未制定适应战略。

气候变化适应是联邦和地方政府的共同责任,为限制气候变化后果造成的影响和风险,德国环境部提出了一项《联邦气候适应法》,为国家和州一级的行动制定了一个具有约束力框架,并要求政府最迟在2025年9月之前提出一项气候适应战略,并每4年更新一次。联合政府也力图在德国的适应工作中迈出新的一步。在《气候变化适应立即行动计划》中,政府将制定一项新的气候适应战略,指导各级政府各个部门的行动。联合政府协议旨在建立一个连贯的、全国性的适应资金机制,由联邦和州共同管理,以支持市政适应投资。

3.3 中德两国对比分析

中德两国作为全球气候变化敏感区域和影响显著区,在面对气候变化时存在一些共同的挑战。随着全球温室气体排放的持续增加,气候变暖已成为全球性的现实,至2022年,全球平均温度较工业化前水平高出1.13℃,而中德两国升温速率还要高于同期全球水平。1901—2022年,中国地表年平均气温呈显著上升趋势,上升了1.9℃,平均每10年升高0.16℃。德国的年平均气温自1881年到2022年已上升约1.6℃,两者均高于同期全球平均升温水平。全球变暖不仅导致平均温度的上升、冰川融化和海平面上升等整体上的变化,也导致极端气候事件的频发,给人们的生活、经济和生态环境带来了严重的影响。IPCC第六次评估报告中提出,气候变暖导致极端气候事件(如暴雨、干旱、洪水、热浪等)的发生频率和强度上升。中德两国面临着类似的极端气候事件的威胁,高温、强降水等极端气候事件在两国的发生频率和强度均呈现上升趋势。1961—2021 年,中国极端强降水事件呈增多趋势,近 56 年(1961—2016 年),全国极端降水事件明显增多,极端降水量和极端降水日数呈增加趋势的站点达总站数的 68%,且主要集中在我国东南沿海和西部地区。20 世纪 90 年代后期以来,中国极端高温事件也明显增多,登陆中国的台风平均强度波动增强。中国中部和东部地区频繁发生的强降雨和洪涝灾害已经成为社会关注的焦点,例如 2021 年 7 月 19—22 日,河南省出现的大范围极端降水天气给当地居民的生命财产安全带来了威胁。与中国境况相似,德国自 1881 年以来降水量增加了 8.7%,强降水事件的强度总体上有所增加,西部和南部地区频繁发生洪涝灾害。据央视新闻报道,当地时间 2024 年 6 月 2 日,严重雷暴天气在德国持续,特别是在南部地区,持续降雨导致河流水位高涨,部分地区暴发洪水灾害,已造成 5 人死亡,数千人撤离。这些极端气候事件给当地社区和基础设施造成了严重的破坏,对经济和社会稳定产生了负面影响。

为积极应对气候变化带来的挑战,中德两国都发布了有利于减缓全球变暖的相关政策和措施,例如碳减排和清洁能源发展等,两国均在努力向碳中和的目标前进。但由于文化、政治和经济体系的不同,中德两国在应对气候变化的具体行动上存在差异。中国在面对气候变化时制定的相关政策,相较于德国更加强制、更加明确。中国在政策报告中详细说明了预期达到的效果、具体的执行方案等。例如,国务院印发的《2024—2025 年节能降碳行动方案》中,明确提到了要加大节能监察力度,要求到 2024 年底,各地区须完成 60% 以上重点用能单位的节能监察;到 2025 年底,要实现重点用能单位节能监察全覆盖。而德国则是偏向于自愿性质,在制定相关政策时不够明确,相关措施的执行力度不足。德国发行量最大的全国性报纸《南德意志报》在 2019 年时指出,即便是民选的政府,也必须要有勇气冒着得罪民众的风险,去限制民众的部分权利,从而实现必要的气候保护目标。在 2023 年时,气候问题专家委员会在其政策审查报告中指出,德国政府的建议不足以减缓气候变化,超过 100 项的措施无法构成一个有凝聚力的整体计划。而 2024 年 4 月投票通过的《气候保护法》中对于相关政策的落实具体由哪个部门负责,仍没有给出明确规定。

4 中德两国气候合作回顾

4.1 项目背景

中德两国作为两个在全球舞台上具有重要影响力的国家,近年来在气候变化领域展现出坚定的决心和务实的行动。随着全球气候变化的日益严峻,双方意识到需要加强合作。中德两国作为负责任的大国,不仅将应对气候变化视为国家发展的重要议题,更是将这一议题上升为双边关系的重要组成部分,通过团结协作,共同应对这一全球性挑战。

在全球气候治理的进程中,中德两国一直保持着密切的合作关系。两国政府高度重视气候变化问题,通过搭建政府、企业、智库等多元主体参与的平台和机制,不断深化双方在气候变化重点领域的政策、技术、能力建设等方面的合作。这种合作模式不仅为中德两国在气候变化领域的合作注入了新的活力,也为全球气候治理进程提供了有力的支持。

中德两国在应对气候变化方面的合作具有多层次、多平台、多主体的特点。首先,在元首外交的引领下,两国政府间建立了紧密的合作机制。这种机制为两国在气候变化领域的合作提供了重要的指导和保障。其次,在区域和地方层面,中德两国也积极开展务实合作。这种合作不仅有助于推动当地的气候治理进程,也为两国在气候变化领域的合作提供了更多的机遇和平台。此外,中德两国还在智库、企业等领域开展了广泛的合作,这些合作不仅有助于促进两国在气候变化领域的学术交流和技术创新,也为两国在应对气候变化方面提供了更多的资源和支持。

在政府层面,中德两国建立了环境与气候变化工作组机制。这一机制为两国在气候变化领域的合作提供了重要的平台。通过这一机制,两国政府可以就气候变化问题进行更深入交流和磋商,共同制定应对气候变化的政策和措施。此外,两国还实施了国际气候倡议(International Climate Initiative,IKI)项目,该项目旨在支持发展中国家应对气候变化挑战。在该项目的框架下,中德两国开展了一系列合作项目,包括气候伙伴关系、国家自主贡献、碳市场、低碳交通、气候友好型发展等几十个领域。这些项目不仅有助于推动全球气候治理进程,也为中德两国在气候变化领域的合作提供了更多的机遇。

在智库层面,中德两国也开展了广泛的合作。两国智库通过举办研讨会、开展研究项目等方式,共同推动气候变化领域的学术交流和合作。这种合作不仅有助于促进两国在气候变化领域的学术研究和技术创新,也为两国政府制定应对气候变化的政策和措施提供了重要的参考和支持。例如,中德两国智库持续推动中德气候变化和可持续发展二轨对话,通过这一对话机制,两国专家可以就气候变化问题进行深入交流和讨论,共同推动两国在气候变化领域的合作和发展。

在企业层面,中德两国也开展了广泛的合作。两国企业通过技术合作、项目合作等方式,共同推动在气候变化领域的创新和发展。这种合作不仅有助于促进两国企业的技术创新和产业升级,也为两国在应对气候变化方面提供了更多的资源和支持。

除了以上3个层面的合作外,中德两国还在教育、文化等领域开展了广泛的合作。这些合作不仅有助于增进两国人民之间的了解和友谊,也为两国在应对气候变化方面的合作提供了更多的机遇和平台。例如,两国高校和科研机构可以共同开展气候变化领域的研究项目,培养更多的人才投身于应对气候变化的事业中。此外,两国还可以通过文化交流活动等方式,共同推动全球气候治理进程的深入发展。

4.2 合作领域

过去几年,中德两国在全球气候变化领域开展了多个重要项目合作,涵盖了碳减排、可再生能源、气候变化适应等多个领域。这些项目合作为两国在气候变化领域的合作提供了重要支撑,为推动全球气候行动做出了积极贡献。在碳减排合作领域:中德两国展开了广泛合作,德国在技术和政策方面积累了丰富经验,向中国提供技术支持和政策建议,帮助中国加快碳减排进程。双方共同探讨碳市场机制、工业转型升级等议题,推动双方碳减排目标的实现。在可再生能源合作领域:中德双方围绕可再生能源开发和利用方面展开密切合作。德国在太阳能、风能等领域具有先进技术,与中国合作建设太阳能和风能电站,共同推动可再生能源在能源结构中的比重,减少对不可再生能源的依赖。此外,在气候政策制定领域,双方加强交流,共同研究气候变化对各领域的影响,制定符合双方国情的气候政策。通过政策对话、研讨会等形式,促进两国在气候变化领域立法、政策制定等方面的经验交流。这些项目合作体现了中德两国在全球气候变化领域的密切合作关系,为推动全球气候行动、实现2030年可持续发展目标作出了积极贡献。

4.3 中德两国已有合作成果

中德两国作为全球气候变化领域的重要参与者,在过去几年里展开了广泛且深入的合作,共同应对气候变化所带来的全球挑战。主要合作项目包括以下方面。

4.3.1 中德能源与能效合作伙伴

中国作为世界上最大的煤炭消费国,同时也是温室气体排放最多的国家。2020年9月,中国政府提出了二氧化碳排放力争于2030年前达峰,2060年实现碳中和,为实现这一气候目标,中国需要在未来极短的时间内大幅转变其能源结构,从化石燃料向可再生能源系统转型。但这一能源系统的低碳转型过程面临着诸多挑战,2021年中国风电和太阳能光伏占总发电量的约11%,煤电依然在一次能源消费结构中占据主导。因此,中国正在寻求能够在保障能源供应安全的前提下,不断加快能源系统低碳转型的解决方案和最佳实践。

自2007年中德能源合作正式建立以来,2016年两国正式进入战略合作伙伴发展阶段。中德两国在加强能源和能效领域合作达成一致,共同推动建立绿色低碳的能源系统。

中德能源与能效合作伙伴也是"支持发展中国家和新兴经济体双边能源伙伴关系"全球项目的组成之一。德国国际合作机构受德国联邦经济和气候保护部委托,负责开展德国与阿尔及利亚、巴西、智利、中国、印度、约旦、墨西哥、摩洛哥、南非和突尼斯的能源合作。

作为中德两国政府在能源领域的正式交流与对话平台和机制,中德能源与能效合作伙伴项目致力于推动3个层面的工作:高级别政府对话,企业与政府交流以及技术和政策法规层面交流。其核心目标是围绕能效提升和可再生能源发展,通过深入交流可持续能源系统发展相关的政策、最佳实践和技术知识,促进和推动两国正在进行且意义深远的"能源转型"。

中德能源与能效合作伙伴致力于与中国能源部门分享德国能源转型的经验和最佳实践。通过定期的工作组会议和高级别双边会议,推动两国决策者之间就能源转型的深入政策和技术对话。在中德能源与能效合作伙伴框架下,在促进双边合作并同时加强信息、经验交流和成果展示,成立了"能源"和"能效"两个专题工作组。中德能源工作组的中方指导单位是国家能源局,中德能效工作组的中方指导单位是国家发改委,德国联邦经济和气候保护部作为德方委托和支持单位,指导两个工作组框架下的项目实施和推进。具体的合作议题如下。

(1)中德能源工作组:可再生能源发展及并网、电力市场改革、电力系统灵活性、可持续供热、分布式可再生能源和生物天然气、绿氢和储能。

(2)中德能效工作组:工业和建筑领域及城镇节能、能效网络小组、能效标准、创新商业模式和绿色金融。

此外,中德能源与能效合作伙伴项目还旨在鼓励和促进中德能源智库、企业之间的合作以及推动能源低碳转型的最佳技术实践、创新服务和商业模式的示范。双方同意在中德能源转型项目框架下,与中德智库合作,共同开展能源转型政策研究;并分别在中德工业和城镇能效示范项目框架下就工业能效提升解决方案、综合区域能源规划开展中德试点示范。

4.3.2 中德森林政策对话

近30年来,中国实施了世上最具雄伟的造林工程,在森林生态恢复和森林可持续经营方面投入大量资金。1990—2015年间,中国森林面积增加了5500万hm^2;仅2017年,中国政府斥资了280亿欧元补贴国内林业。迄今,中国森林总面积已达2.2亿hm^2,堪比欧盟和英国森林面积之和1.82亿hm^2还多。中国还计划在未来30年里再增加1亿hm^2森林。通过这一系列的努力,中国终将有望从木材的进口国转变为出口国。

虽有这些举措,但中国的森林仍退化严重,以致每公顷年均可采的林木数量仅为德国森林的1/20。因而,中国为国内、国际市场提供林木产品的加工行业,将继续严重地依赖木材进口。尽管国内木材的年产量稳定在8000万 m^3,2017年中国的木材需求量已接近5.7亿m^3,占全球木材产量的15%。预计中国未来几年对木材的需求会继续增长,给世界各地出口商带来压力;也可导致不可持续采伐的加剧,特别是在治理薄弱、执法不力的热带林国家。为解决这些问题,中国政府正在开发、制定以恢复国内森林和限于进口合法及可持续生产的木材为目的的政策框架。

中德合作"林业政策对话(Forestry Policy Forum,FPF)"正助力中国政府制定、实施以森林生态恢复和增长活立木公顷蓄积为目的,同时又支持可持续碳封存、改善生物多样性保护的森林相关政策的修订。本项目支持中德两国在政府及主管部门之间开展的林业政策对话;支持由中方林业主管部门牵头、在国家和省层面进行的改善森林经营、合法木材贸易相关政策的修订进程。项目基于德国林业的长期经验,提出符合中国国情和满足中方需求的政策具体建议。项目旨在为国内林业试点与在华林业国际项目之间构建一个联合、共商政策建议的网络。以此,期盼有越来越多的建议纳入中国的法规和森林经营的指南。

迄今取得的成果如下。

(1)重建并加强了中德政府间相关林业的政策对话。

(2)设立并启动了山西中条山中村林场森林经营示范项目。项目将为该场开展最新的森林经营规划编制导则,并纳入省级林业政策制定参考。

(3)试点及项目政策网络的筹备,为中方林业管理部门向"改善森林经营"过渡和修订政策提供支持。

(4)得到国际企业和政府利益攸关各方支持,共同推进更多合法、可持续生产的木材充斥到中非木材贸易中。

4.3.3 中德环境伙伴关系

中国数十年来的高速经济增长引发的环境问题,抑制了中国的经济发展并降低了环境和自然资源的承载力。中国如今正在更加努力扭转这一局势。根据2030年可持续发展目标和巴黎协议,德国联邦环境、自然保护和核安全部为中国生态环境部在设计有效的环境治理体系方面提供支持。德国国际合作机构自2013年来持续开展中德环境伙伴关系项目。该项目自2017年9月迈入第二期,该项目预计将持续至2021年。

在"十三五"(2016—2020年)规划中,中国政府为改善环境现状设定了严苛而宏伟的目标。中国制定了水、空气和土壤的新法规和国家行动计划,并开展机构改革、拟定具体措施和方法,以确保未来几年环境质量得到改善。

中德环境伙伴关系项目借鉴德国及国际专业知识,支持中国起草关于气候、环境和发展具体事务的政策建议,并通过人员交换、培训和知识交流的方式提供咨询服务,以便为中国未来向"生态文明"转型做好充足准备。

此外,项目还通过支持各领域战略性环境对话、提出需求导向的建议及能力建设措施,包括提高大气、水源和土壤环境质量以及改善生物多样性现状，以持续优化中国环境治理体系。

4.3.4 碳排放权交易体系、碳市场机制和减缓工业相关氧化亚氮排放项目

中国已经明确提出力争 2030 年前实现碳达峰、2060 年前实现碳中和的气候目标。全国碳排放权交易体系被认为在实现这一"双碳"目标中起到重要作用。2021 年，全国碳交易市场进入第一个履约周期，对 2200 多家发电企业的二氧化碳排放进行管控。如"十四五"规划纲要和 2035 远景纲要描绘，中国将进一步加强对非二氧化碳温室气体排放的管控，例如氧化亚氮（N_2O）和氢氟碳化物（HFCs）等此类超级温室气体。

德国国际合作机构受德意志联邦环境、自然保护和核安全部委托，从 2012 年起，持续支持中国碳市场的发展。中国碳交易市场宣告启动以来，本项目对中国碳排放权交易体系的进一步完善给予支持。重点聚焦监测、报告和核查系统的夯实和加强中德两国在碳市场议题上的政治和技术对话。2020 年开始，项目还将开展减缓工业相关氧化亚氮排放的工作，通过能力建设、课题研究、和多种形式的知识和技术交流提供支持。

通过该项目，支持了中国境内试点碳市场的建设，为环境主管部门和企业提供关于中国碳市场的培训，受训人员超过 5000 人次，与德国排放交易管理局、欧洲能源交易所（European Energy Exchange，EEX）和国际碳行动伙伴组织（International Carbon Action Partnership，ICAP）合作，组织了有关中国碳市场设计的广泛技术交流。

4.4 存在的问题与挑战

中德气候合作在取得显著成果的同时，也面临一些问题和挑战。首先是政策协调与一致性问题。中德两国在气候政策和环保法规方面存在一定差异。中国的发展阶段和经济结构与德国不同，导致在制定和实施环保政策时需要考虑更多的经济增长和社会稳定因素。这给政策同步性和利益平衡带来了挑战，即如何在不同的发展阶段和经济背景下实现政策的协调和一致，以及在推动环保措施的同时，如何兼顾经济发展和社会稳定。

其次是技术转移与适应性问题。德国的先进环保技术和管理经验在中国推广时，可能面临适应性问题。由于两国在气候、经济结构和工业基础方面存在差异，有些技术和方法需要进行本地化调整。这要求如何对引进的技术进行适应性改造，使其更适合中国的具体情况，同时确保技术转移的有效性和可持续性，避免因文化差异和管理模式不同而导致技术难以落地。

资金和资源分配上存在巨大挑战。气候合作项目往往需要大量资金和资源投入，而两国在资金来源和资源分配上可能存在差异。因此，如何确保合作项目获得充足的资金支持，特别是在经济不确定性增加的情况下，以及如何优化资源配置，确保资金和资源用于最有效

的领域和项目,是迫切需要解决的问题。

能力建设与人才培养方面,中德气候合作需要大量具备专业知识和技能的人才,而两国在能力建设和人才培养方面可能存在差异。如何建立和完善培训机制,培养更多具备国际视野和专业技能的环保和气候变化领域人才,以及如何有效地进行知识和经验交流与共享,提升双方在气候合作中的能力,且有重大的挑战。

全球气候政治环境的复杂多变,也对中德气候合作提出了挑战。全球气候政策和国际关系变化的影响不可忽视,因此,如何在全球气候治理体系中发挥中德两国的引领作用,推动更多国家参与和合作,以及在应对全球气候变化挑战时,如何灵活调整合作策略,应对国际环境的变化,是需要考虑的问题。

此外是公共认知与社会支持方面,气候变化问题需要全社会的参与和支持,但在公众认知和社会支持方面仍存在一些不足。如何通过宣传和教育,提高公众对气候变化和环保重要性的认识,以及如何鼓励更多社会团体和公众参与到气候合作和环保行动中来,形成全社会共同应对气候变化的氛围,是面临的挑战。

最后是项目管理与执行也存在实际操作问题,包括项目管理、监督和评估等方面。如何提高项目管理效率,确保合作项目按计划推进,以及建立健全的项目监督和评估机制,确保项目取得预期效果,及时发现和解决问题,是需要解决的管理挑战。

尽管存在这些挑战,中德气候合作仍具有广阔的发展前景。通过加强沟通和协调,优化合作机制,提升技术和管理水平,中德两国可以进一步深化合作,共同应对全球气候变化带来的挑战。

5 中德两国合作建议

气候变化的后果在全世界范围内早已显现,中德两国的极端气候事件如暴雨、洪水、干旱、热浪等出现的概率大大增加,德国尽管地处气候温和地带,位置相对有利,但所面临的危险也正在增加,2021年德国西部的一场洪灾的遇难者多达百余人(图 3-5-1),此次洪灾的出现大多归因于气候的急剧变化,大大增加了发生强降雨的概率。除了极端气候事件以外,气候急剧变化还给中德两国带来水资源、农业、生态系统、人类安全等方面的巨大挑战和影响,气候变化不仅仅是一个国家的责任,更是全世界全体国家的责任,因此在中德友好交往的大背景下,两国就气候研究这一主题开展深入合作正是大势所趋。

图 3-5-1　2021年德国西部的洪灾

5.1　领域选择

中德两国要展开深入的气候研究合作,主要可以从科研、交流、教育等方面着手。科研方面着重于对气候变化的前沿课题进行研究和突破,交流方面着重于中德两国之间的成果交流以及探讨,教育方面着重于中德两国人才培养和交换学习。

科学研究是科技进步的一大助力,在当今气候急剧变化的形势下,针对现有的气候问题开展深入的科学研究是势在必行的。目前,针对气候变化这一命题,中德两国可以将共同科研方向重点放在气候模型研究、气候变化影响、气候适应与风险管理研究、气候变化治理研究这几个方面上,并通过双方联合资助研究项目来大力支持中德科学家开展科研工作。气候模型研究主要是基于气候系统的物理、化学、生物过程建立气候模型以模拟气候随时间的演变,并对气候变化进行预测与评估,中德双方科研机构可以共同开展气候模型的研发和改进工作,以提高气候预测和评估的准确性,并通过双方共享气候数据、模型方法、观测结果来共同促进全球气候研究的进展。气候变化研究主要是研究气候变化对自然生态系统、农业、水资源、社会经济等方面的影响,研究极端气候事件对人类社会造成的经济、生态影响也属于其中,中德双方可以通过共享气候变化造成的影响的研究成果来互相改进研究方法。气候适应与风险管理研究主要是研究在气候急剧变化的背景下如何能够最大程度地降低对人类社会造成的危害,中德双方可以共同开展有关城市防洪、水资源管理、农业适应措施等技术方面的合作研究,力争加强国家对于气候急剧变化的应急防控能力,提高双方社会的气候变化应对能力。气候变化治理研究可以着重于在碳排放减排与碳中和技术研究、可再生能源技术研究上,中德双方可以合作研发低碳技术、碳中和技术,以此实现双方国家在建设过程中的碳排放量的减少,从而共同实现碳中和目标。此外,中德双方在可再生能源领域都有着丰富的经验和技术优势,因此可以共同开展太阳能、风能、水能等可再生能源技术的研究与开发,从而降低人类活动给气候带来的影响。

科研是一个需要大量资源投入的项目,而若能使中德两国共同合作,针对气候变化领域展开合作深入研究,那么所能取得的效果必将是"1+1>2",这不仅对本国而言有着巨大的好处,使得国家整体科技生产力取得进步,更是能给全世界全人类共同的智慧宝库添砖加瓦,在人类命运共同体这一大背景下贡献出两国的力量。

在中德两国拥有了优秀的科研成果的情况下,若要将研究成果在两国之间共享,就需要通过中德双方共同举办的会议活动来进行交流。目前中德两国已经针对气候变化问题开展了多次会议和合作活动,这些活动旨在促进双方在气候变化领域的交流与合作,共同应对全球气候挑战。

中德政府间磋商会议是中德政府间定期举行的会议,主要是针对气候政策、可再生资源、碳排放减少等议题来讨论双方在气候变化领域的合作与政策对话。中德气候对话,是双边合作的重要平台,涵盖了多个领域,包括气候政策、科技创新、可持续发展等,旨在促进双方在气候变化领域的合作与交流。中德气候变化研讨会是中德科研机构和学术界经常举办的研讨会,会上分享最新的科研成果、交流研究方法和技术,促进双方在气候变化领域的合作与创新。中德两国除了参与由双方举办的会议外,还参加了许多国际气候变化会议,如联合国气候变化大会等,并在会上就全球气候治理、减排目标、适应措施等议题展开讨论和合作。

双方会议活动和国际会议活动为中德两国在气候变化领域的合作提供了重要平台和机会,促进了双方在应对气候变化挑战方面的共同努力,因此,交流活动也是中德两国在气候研究合作中必不可少的一个环节,未来中德双方可以通过持续的交流来促进两国之间的研究合作共享。除了通过交流会议进行成果共享之外,还可以通过建立中德数据共享平台,使得两国的科学家能够远程共享气候数据、模型方法和研究工具等,从而加深双方合作。

除了科研领域、交流领域外,中德两国还可以在教育领域上开展合作,通过建立科学家和研究人员之间的交流机制,鼓励双方相互访问、合作研究,同时提供培训方案培养气候变化领域的专业人才,此外,还可以通过在教育过程中加入科普宣传,提高公众对气候变化问题的认识和重视程度,促进社会各界共同参与应对气候变化的行动。

5.2 政策先行

在气候急剧变化的严峻形势下,中国认识到气候变化这一问题具有严重性和紧迫性,气候变化会对人类社会、经济发展、生态系统产生严重影响,全国各地多发的极端气候事件、生态系统退化事件都在提醒着我们必须采取更加积极的行动来减缓气候变化并适应其带来的影响。

中国政府积极参与国际气候变化合作,主动配合国际会议中共同制定的方案与措施,包括参加巴黎气候协定、联合国气候变化谈判和其他的国际倡议,中国始终主张全球共同应对气候变化,强调各个国家都应参与进来,共同承担相应的责任。

中国政府高度重视气候变化这一情况,并基于本国国情出台了一系列政策来应对,包括但不限于建立碳排放交易市场、大力推动清洁能源的发展和利用、加快能源结构转型、提高能源利用效率、树立碳达峰和碳中和目标等。早在2007年,中国政府就出台了《中国气候变化国家评估报告》以评估中国的气候变化的状况、趋势和对经济、社会的影响,为中国应对气候变化问题制定政策提供了科学依据。2009年中国政府提出了"十二五"时期碳强度降低目标,这一目标的确立推动了中国碳排放强度的降低,为实现碳减排目标奠定了坚实的基础。2014年中国政府发布了《中国国家气候变化规划(2014—2020年)》,明确了中国应对气候变化的总体目标、主要任务和政策措施,主要包括降低碳排放强度、推动绿色低碳发展、加强国际合作等,为中国应对气候变化提供了全面的战略规划和指导。2015年中国提交了《关于应对气候变化的国家自主贡献》,并承诺在2030年之前将碳排放达到峰值,而在2019年发布的《碳达峰碳中和目标实施方案(2020—2060年)》中提出中国将提前在2020年达到碳排放峰值,在2060年实现碳中和的目标,并于2020年底正式宣布中国已经在2020年实现了碳排放峰值,在之后将逐步减少碳排放量,这一成果彰显了中国在应对气候变化方面取得的重要进展,并展现了中国许下的承诺的含金量。

针对碳达峰、碳中和目标,中国已经构建了"1+N"政策体系,其中"1"代表着关于碳达峰和碳中和的主题政策,包括设定碳达峰和碳中和的时间表和目标、明确主体责任、规划实施路径等内容,再辅以一系列围绕主体政策而制定的配套政策,以确保碳达峰和碳中和目标的顺利实现,这些配套政策涵盖了能源、工业、交通、建筑、农业、林业、生态环境等各个领域,包括减排措施、能源转型、技术创新、碳市场建设、生态保护等方面,中国实施的清洁能源发展政策、能源结构调整政策、碳排放交易政策、碳税政策等都属于配套政策,以促进碳减排和碳中和的实现。"1+N"政策体系综合运用了顶层设计和细化措施相结合的方法,确保了碳达峰和碳中和目标的全面实施和落实,同时,这一体系也为中国在应对气候变化方面提供了更加系统和完善的政策支持,促进了经济转型升级、生态文明建设和可持续发展,中国坚定不移地将这一政策体系贯彻落实,以早日达成碳达峰、碳中和目标。

德国为了应对气候变化,也出台了一系列措施,取得了一定的成果。德国树立了2030年实现至少65%的可再生能源占比,大力推动能源转型,注重提高能源效率,减少对化石能源的依赖,通过实施碳定价机制来推动碳减排,并以一系列法律和政策文件,如《德国气候保护法》,明确了气候政策的目标、措施和时间表,表明了德国积极应对气候变化的决心。

中德两国都在积极参与国际气候变化合作,并辅以一系列的政策来应对气候变化,尽管两国出台的政策的侧重点和实施方式可能有所不同,但依旧可以通过两国合作来互相学习政策措施,取其精华,优化本国政策。此外,为了保障中德两国未来的稳定合作,双方也应尽快合作商议共同出台相应政策,并按照制定的目标和计划有序执行,为两国持续且稳定的合作提供坚实的保障。

5.3 统一标准

中德两国在环境和气候领域的合作被认为是至关重要的,双边伙伴关系在促进交流和合作方面扮演着关键角色。特别是在国际气候倡议框架下的双边合作项目备受重视,政治协议被列为其中的重点议题。这些项目旨在推动中德两国在环境伙伴关系第三阶段及气候伙伴关系下的合作,同时也为支持国家自主贡献实施项目提供了补充。这一合作的目标是扩展双方在气候融资、减排合作、气候适应等领域的合作活动。

未来的合作主题将涵盖多个方面,包括碳市场、非二氧化碳减排、能源部门去碳化、低碳交通、气候投资、公共气候教育以及低碳城市建设等。除此之外,在气候政策和可持续资金领域,中德双方还需要进一步考虑一系列潜在的合作领域,例如海洋垃圾问题、自然保护区监测以及供应链可持续性等方面。这些合作领域的探索和加强将有助于深化中德之间的环境和气候合作,为应对全球气候挑战作出更加积极的贡献。

推动生物多样性保护是当务之急,尤其需要通过国际合作和制定全球性框架来加强这一领域的保护和管理。同时,我们也应当加速脱碳,意识到减少碳排放的紧迫性。为了实现这些目标,国际合作和气候倡议至关重要,它们可以推动清洁能源和可持续发展。为了应对全球气候挑战,国际合作至关重要。这包括积极参与多边谈判和国际气候框架,并与其他国家共同努力。通过双边和多边合作机制,可以探索和推动各种领域的合作,例如碳市场机制和城市合作等。在不断探索新的合作领域的过程中,我们必须应对气候变化和可持续发展的挑战,并认识到在合作过程中可能面临的困难。通过合作,我们可以寻求解决方案,并充分利用合作带来的机遇,推动双方共同发展。这些合作将为中德双方在应对气候变化和推动可持续发展方面带来更多机遇和挑战,为构建一个更加环保和可持续的未来作出重要贡献。

当前,推进气候行动已成为当务之急。根据《2023年气候行动状况报告》,全球在42项指标中仅有一项符合2030年的目标轨迹，表明各领域限制升温至1.5℃的进展远远不足。这突显了世界各地在应对气候变化方面的不足。报告指出，中德两国需加快气候行动步伐，包括提高森林砍伐速度4倍，扩大公共交通基础设施速度6倍，淘汰煤炭发电速度7倍，以及将水泥生产脱碳速度提高超过10倍。

在第28届联合国气候变化大会（Conference of the Parties，COP 28）举办后，中德双方对气候背景和主要成果提出了具体目标和挑战，以应对政府间气候变化专门委员会（IPCC）设定的科学目标。这些目标包括到2025年全球达到排放峰值，到2030年减少43%的排放量，到2035年减少60%。然而，实现这些目标仍然面临诸多挑战，特别是在多边信任和财政承诺方面。

尽管已经提出了具体的目标和措施，但气候行动仍然面临诸多挑战。其中，多边信任和财政承诺是其中的重要因素之一。加强国际的信任和合作，以及落实财政承诺，将是推动全球气候行动取得进展的关键所在。

中德两国在气候行动中虽然背景不同，但可以相互参考行动措施，以实现最佳治理效果。德国的非政府组织长期以来一直致力于湿地和泥炭地的保护。例如，格赖夫斯瓦尔德湿地中心成功将湿地恢复计划纳入联合国气候变化框架公约议程，成为一个典型案例。中国可以从德国的经验中汲取灵感，积极保护湿地和泥炭地等自然生态环境。

此外，双方还应考虑推动生物多样性保护和气候变化行动的战略协同性。根据中国不同省份的案例，可以采取以社区为主体的生物多样性保护、城市生态恢复和公民科学等策略。此外，基于数据的"自然观察"战略也应纳入双方的行动策略中，以推动生物多样性的主流化。

通过相互借鉴、合作，中德两国可以在气候行动领域取得更大的成就，为全球应对气候变化作出积极贡献。

5.4 技术合作

2023年12月2日举行的《联合国气候变化框架公约》第28次缔约方大会（COP 28）上，中德两国就加速推动可再生能源扩张展开了讨论，围绕气候合作技术合作提出了重要建议。

（1）全球盘点和行动落实：双方一致认为，COP 28的重要任务之一是进行全球盘点，其主题应以落实行动与合作为中心。在这个过程中，必须正视当前减缓、适应以及资金、技术和能力建设方面的差距，并提出加强实施和促进合作的解决方案，以确保行动和支持相匹配。

（2）加强双边对话与合作：中德两国表示愿意通过"二轨"对话的形式继续加强在气候变化领域的对话交流与务实合作。这种双边合作不仅可以在可再生能源领域取得更大进展，还有助于深化两国之间的绿色伙伴关系。

（3）共同应对气候挑战：双方强调了全球面临的气候危机，特别是发展中国家所遭受的损失和损害。加强全球携手合作是国际社会应对气候危机的当务之急。通过共同努力,可以推动实现1.5℃目标,为全球气候治理作出贡献。

（4）技术分享与经验交流：德国表示愿意分享提高电网效率的经验与做法,以帮助中国更好地发展可再生能源。双方还就可再生能源发展现状、未来情景展望等议题展开了广泛讨论,有助于双方在技术合作上取得更多突破。

（5）政策协调与支持措施：双方一致认为,制定和实施有利于可再生能源发展的政策和支持措施至关重要。商定分享彼此在这方面的最佳实践和政策经验,并积极讨论如何通过政策协调和相互支持来推动可再生能源的发展和应用。

（6）人才培养与技术创新：意识到人才储备和技术创新对可再生能源行业的重要性,中德双方同意加强人才培养和技术创新方面的合作。双方将共同设立培训计划、科研项目以及创新基金,以促进双方在可再生能源技术领域的交流和合作,推动行业的发展和进步。

（7）基础设施建设与能源转型：中德两国都意识到基础设施建设对实现可再生能源扩张的重要性。双方同意加强在智能电网、储能技术、充电基础设施等领域的合作,共同推动能源转型进程。这种合作有助于提升能源系统的灵活性和稳定性,推动清洁能源的更广泛应用。

（8）国际合作与多边机制：除了双边合作,中德双方还将在国际层面积极推动气候合作。中德两国将利用联合国气候变化框架公约、国际能源机构等多边机制,加强与其他国家和地区的合作,共同应对全球气候变化挑战。同时,双方也将在国际气候谈判中密切协调立场,促进国际社会对气候行动的共识和支持。

通过以上合作举措,中德双方将共同致力于加速推动可再生能源扩张,为应对全球气候变化挑战贡献力量,实现可持续发展的共同目标。

同时,综合中德双方在气候合作技术方面的建议如下。

（1）支持气候变化立法工作：继续支持中国在气候变化立法领域的工作,通过交流与研究,提升中国在气候变化法律体系建设方面的能力。此举有助于加强在低碳转型方面的能力。

（2）举办研讨会和交流活动：组织政策制定者和专家的研讨会,促进中德两国在气候变化立法和应对气候变化方面的经验交流与分享。

（3）案例研究与合作推进：开展案例研究,促进中德两国在多领域、多层次的合作,推动关键任务的落实和区域性格局的形成。

（4）建立监测和指标体系：支持建立气候变化适应的监测和指标体系,以便获取适应相关信息,为决策提供科学依据。

（5）推动气候金融行动：支持中国在气候金融领域的发展,通过培训课程、推动气候金融战略行动,并与国际气候金融对接,促进气候投融资。

（6）水泥行业合作：在中国的工业领域,特别是水泥行业,开展行业最佳实践合作,通过技术创新和提高效率减少温室气体排放,共同关注并解决行业存在的工艺和能源效率差距问题。

（7）未来合作规划：根据我国的需求和项目的执行情况，规划未来与其他行业的合作，以全面推动气候变化减缓和应对工作的开展。

5.5 多元数据共享

随着信息技术的快速发展，大量的数据被收集和生成，如何有效利用这些数据成为全球关注的焦点之一。数据共享和数据开放为解决这一挑战提供了新的可能性，它们不仅推动了科学研究和创新的进展，还促进了社会和经济的发展。

数据共享对于中德合作的重要性和优势。

（1）促进科学研究和创新：数据共享和数据开放为科学研究提供了更广泛的资源和合作机会。研究人员可以访问他人的数据集，验证研究结果、开展复现研究和进行跨学科合作。这有助于加速科学知识的发展和创新的产生。

（2）促进公共决策和政策制定：开放数据使政府和公共部门能够更好地了解社会需求和问题，以制定更有效的政策和决策。

（3）推动商业发展和经济增长：开放数据为企业和研究者提供了更多的科研机会和洞察力，促进了创新并推动了经济增长。

在不同领域的作用，具体如下。

环境科学：数据共享在监测和研究环境变化方面具有重要意义。共享大气、水文、地质和生态数据等有助于全球气候变化研究、自然资源管理和生态系统保护。这些数据可以用于建立模型、预测未来变化和制定环境政策。

计算机科学和人工智能：在机器学习和数据驱动算法方面，数据共享是至关重要的。共享数据集可以帮助研究人员构建更准确的模型，推动计算机科学和人工智能领域的创新。

灾害响应：①预警和预测，数据共享可以为灾害响应提供实时的监测和预警信息。通过共享气象数据、地质数据、人口流动数据等，可以提前识别潜在的灾害风险，预测灾害的影响范围和程度，有助于采取适时的防范和救援措施。②协同应对和资源调配，共享灾害响应数据可以促进不同机构和组织之间的协同合作。通过共享灾害情报、救援资源分布情况等数据，各方可以更好地协调行动，优化资源调配，提高应对灾害的效率和协同性。

开放科学已经逐渐成为世界各国共识，大数据时代的开放科学必然强调科学数据的有效利用。我国经过长期发展，已形成坚实有力的法治保障和各主体协力推动的科学数据利用体系。为进一步促进科学数据利用，我国可在借鉴域外经验基础之上，完善合理使用制度和数据管理措施，规范开放平台标准，强化数据评审与数据素养培训，并建立激励机制，形成科学数据利用的中国方案。

目前我国海洋数据信息共享渠道的不畅严重阻碍了海洋经济的发展，其中很大一部分原因是我国目前仍存在立法规则与利用实践困境，不能为海洋数据信息共享事业提供法律保障。因此对我国海洋数据信息共享提出立法建议。但同时数据共享在各方面也面临着严峻的挑战。

（1）数据隐私与安全性。个人隐私保护与数据共享的平衡：匿名化、脱敏和数据访问控制的挑战。数据泄露和滥用的风险：数据安全措施、法律法规和技术解决方案。

（2）数据质量和准确性。开放数据的质量管理和验证：数据清洗、标准化和质量评估的挑战。数据偏见和误解的影响：数据收集方法、样本偏倚和算法偏见的纠正。

（3）数据拥有权和知识产权。数据产权和数据许可的问题：知识产权法律框架和数据所有权的界定。开放数据的知识共享和创新：知识产权保护与数据共享的平衡。跨界合作和数据治理机制：数据伙伴关系、数据联邦和数据共享协议的建立。公众参与和数据治理的开放性：多方参与、透明度和问责制的重要性。

数据共享和数据开放具有巨大的潜力，能够改变世界在科学、政府、商业、教育和社会福利等领域的运作方式，同时对于促进和加强中德气候合作方面有着深远的意义，为加速科学研究、促进创新、提升公共决策、推动经济增长、促进教育公平和社会公正等方面提供了新的机会和挑战。然而，数据共享和数据开放也面临着数据隐私、数据质量、数据拥有权和数据管理等方面的挑战与风险。因此，需要制定合适的政策、法规和技术措施，建立健全数据治理和合作机制，以实现数据共享和数据开放的潜力，并确保其在改变世界的过程中发挥积极的作用。

5.6 人才培养

在人才培养方面，我国建议将人才培养同区域国别一级学科建设紧密结合，面向国际组织、有关部委、事业单位、跨国企业等单位，培养复合型国际化人才。①不断提高自主培养人才的质量；②全面提升项目合作发展层次，增强对海外人才的吸纳力和承载力；③持续加强人才交流合作和协同发展；④创新引才引智方式，积极应对国际人才竞争；⑤全面深化人才发展体制机制改革。

面对日益加强和交往密切的中德合作关系，人才培养也需要更多的关注，例如设立海外人才培养中心、选培海外青年科学家、选拔高层次留学生、开展科创管理高端培训等科技创新人才培养关键路径和相关政策建议，以期增强中德合作并为其培养更多高层次人才。通过建立海外人才库，创建人才培养示范点，签订导师带徒协议，培养"海外学习型"团队等方式，持续强化人才的激励、培养和使用，为海外人才梯队建设提供坚实保障。

（1）建立健全人才培养机制：将人才培养作为海外项目部重要工作内容，全面完善海外员工基础资料，按照技术型人才、紧缺型人才、年轻型人才优先选拔的原则，结合海外项目的实际岗位需求，建立海外人才库以及创建人才培养示范点，持续推动国内、海外人才交流培养。增强国内外学术交流与合作，提高国际化人才质量和数量。

（2）以特色优势学科为中心布局中外合作学术交流：依托特色优势学科，整合资源，打造中外合作办学旗舰项目，既提升对学校学科建设的贡献度，又确保中外合作办学与学校人才培养同向同行,为行业发展提供高水平人才支撑。

(3) 真正做实引进国外优质资源,实现长效运行:消化、吸收、融合、创新是引进国外优质教育资源的4个阶段。仅停留在吸收阶段是不够的,要利用"互联网+"背景下新一轮教育新基建的契机,进一步探索推进引进资源的融合与创新,开展一系列的人才培养、师资、课程、教材、平台建设的改革与创新。例如,开发专业核心课共建课程,打造中外合作办学课程、师资、微证书的在线云平台,积极探索线上线下混合式教学,联合编写适合中外合作办学专业项目的特色系列教材,开展英语语言能力保障体系建设等。

(4) 以合作项目为跳板,助力中德合作项目高质量运行的同时针对性地培养复合型人才:以中德合作项目为平台,推动联合科研攻关、共建实验室和人才联合培养等实质性合作,把国际先进的学科建设、人才培养等经验引进来;以中德交流为纽带,吸引海外企业与行业协会加入,构建优质多元的教学团队,共享海外行业数字资源,推动创新发展。

5.7 共同打造气候研究标杆项目,实现合作共赢

中德应对气候变化合作是中德两国政治、经贸、财经、科技、环保等双边关系的重要组成部分,中德两国在政府间应对气候变化领域一直保持着密切的对话与合作。回首历史,中德两国在经贸投资等多领域的务实合作,已日益成为推动中欧关系行稳致远的重要压舱石。中德两国在应对气候变化领域的合作形式主要集中在联合研究和能力建设,项目涉及中德气候伙伴关系与可再生能源合作、环境与气候领域的干部培训、温室气体监测能力建设、中国排放交易体系能力建设、江苏省以及省外3个城市低碳发展、建筑节能、土地低碳利用、北京交通需求管理、中德电动汽车及气候保护、建筑节能领域关键参与人能力建设等。中国积极与德国政府、研究机构合作开展双边科研项目,取得重要成果。例如:中德气候伙伴关系项目,有力地支持了中德气候变化工作组机制的顺利进行,开展中德合作新议题实验实施,并成为中德间气候变化快速信息交流的平台;中国排放交易体系能力建设项目,支持碳交易试点地区引入市场化减排手段,使中国拥有高效实施排放交易系统的能力,这与双方的合作密不可分。在两国良好政治关系的推动下,特别是随着中国应对气候变化信心和决心的增强,中德两国应对气候变化未来的合作将进一步深化。

中德两国都是全球强有力的经济体,两国探讨气候变化问题具有全球性的意义,但德国联邦经济发展与外贸联合会主席米夏埃尔·舒曼认为,在探索的过程中,不能忽视供应安全、能源经济效益和环境金融性之间的关系,需要在三者间找到一个平衡点。共同打造气候研究标杆项目,实现合作共赢。

(1) 组建专业的项目管理团队为深入贯彻国务院提出的在公共服务领域更多利用社会力量,加大政府购买服务力度的要求,深化社会领域改革,推动政府职能转变,整合利用社会资源,增强公众参与意识;建立健全项目申报、预算编报、组织采购、项目监管、绩效评价的规范化流程。

(2)编制详细的项目合作规划注重中德合作的战略规划及对国内工作的指导作用,建议制订3年期"应对气候变化对外合作滚动计划"及"中德气候变化合作未来战略规划"。

(3)促进合作研究成果的转化加强地方政府的政策引导,提高企业参与中德气候变化合作的积极性,探索建立与市场经济相适应的成果转化机制,推进科研机构与企业的对接。

德国是中国在欧洲最重要的贸易伙伴,且拥有先进的低碳理念、技术及管理经验。中国低碳环保市场潜力巨大,两国合作的互补性强。通过近年来的合作,我国学习借鉴了德国的低碳环保最佳实践,推进了国内低碳环保事业向国际化发展。与此同时,我国也开放市场,引进德国的低碳环保技术设备,实现了中德合作的互利共赢,对两国关系的健康发展发挥了积极作用,将中国的市场与德国的技术结合起来,将为双方创造巨大的发展动力。随着两国政治与经贸关系的不断发展,未来将会共同打造更多的气候研究标杆项目,实现双边合作共赢。

6　未来展望

气候变化带给人类的挑战是现实的、严峻的、长远的。把一个清洁美丽的世界留给子孙后代,需要国际社会共同努力。

面对全球气候变化的严峻挑战,中德两国在气候研究领域的合作不仅符合双方利益,也将对全球可持续发展发挥积极的示范作用,为全球气候治理树立合作共赢的范例。中德双方应携手更加深入和务实地推动合作,通过高层对话和合作机制,进一步加强在气候政策上的对接,建立长期的合作框架,推动全球环境治理和气候行动,为构建地球生命共同体、共建清洁美丽的世界贡献力量。

编)[J]. 环境保护,51(21):50-58.

中华人民共和国生态环境部,2023. 应对气候变化报告(2023):积极稳妥推进碳达峰碳中和[M]. 北京:中国环境出版社.

中华人民共和国生态环境部,2022. 国家适应气候变化战略2035[M]. 北京:中国环境出版社.

周波涛,钱进,2021. IPCC AR6报告解读:极端气候事件变化[J]. 气候变化研究进展,17(6):713-718.

周波涛,於俐,2012. 管理气候灾害风险推进气候变化适应[J]. 中国减灾(1):18-19.

周晶,陈海山,2012. 土壤湿度年际变化对中国区域极端气候事件模拟的影响研究:I. 基于CAM3.1的模式评估[J]. 大气科学,36(6):1077-1092.

周天军,陈梓明,陈晓龙,等,2021. IPCC AR6报告解读:未来的全球气候:基于情景的预估和近期信息[J]. 气候变化研究进展,17(6):652-663.

朱红,2022. 林业与气候变化[D]. 南京:南京林业大学.

ALEXANDER L V, ZHANG X, PETERSON T C, et al., 2006. Global observed changes in daily climate extremes of temperature and precipitation [J]. Journal of Geophysical Research,113:1330-1345.

BOO K O, KWON W T, OH J H, et al. Response of global warming on regional climate change over Korea:An experiment with the MM5 model[J]. Geophysical Research Letters,2004,31(21):21206.

CARLSON C J, ALBERY G F, MEROW C, et al., 2022. Climate change increases cross-species viral transmission risk[J]. Nature,607:555-562.

CHEN Z, ZHOU T, ZHANG L, et al., 2020. Global land monsoon precipitation changes in CMIP6 projections[J]. Geophysical Research Letters,47(14):86902.

CROLL J,1889. Discussions on climate and cosmology[M]. London:Edward Stanford.

DAI A G,2011. Drought under global warming: A review[J]. Wiley Interdisciplinary Reviews-Climate Change,2:45-65.

DAVENPORT F V, DIFFENBAUGH N S, 2021. Using machine learning to analyze physical causes of climate change: A case study of U.S. midwest extreme precipitation[J]. Geophysical Research Letters,48(15):93787.

DONAT M G, ALEXANDER L V, YANG H, et al., 2013. Global land-based datasets for monitoring climatic extremes [J]. Bulletin of the American Meteorological Society,94:997-1006.

DONAT M G, ALEXANDER L V, YANG H, et al., 2013. Updated analyses of temperature and precipitation extreme indices since the beginning of the twentieth century:The HadEX2 dataset[J]. Journal of Geophysical Research:Atmospheres,118:2098-2118.

GAO X, GIORGI F, 2008. Increased aridity in the mediterranean region under greenhouse gas forcing estimated from high resolution simulations with a regional climate model[J]. Global and Planetary Change, 62(3-4): 195-209.

HAM Y G, KIM J H, LUO J J, 2019. Deep learning for multi-year ENSO forecasts[J]. Nature, 573(7): 568-572.

HERRING S C, CHRISTIDIS N, HOELL A, et al., 2018. Explaining extreme events of 2016 from a climate perspective[J]. Bulletin of the American Meteorological Society, 99(1): 1-157.

HU J, WENG B, HUANG T, et al., 2021. Deep residual convolutional neural network combining dropout and transfer learning for ENSO forecasting[J]. Geophysical Research Letters, 48(24): 93531.

HU S, ZHOU T J, 2021. Skillful prediction of summer rainfall in the Tibetan Plateau on multiyear time scales[J]. Science Advance, 7(24): 9395.

IPCC, 2013. Climate change 2013: The physical science basis[M]. Cambridge: Cambridge University Press.

KIM Y H, MIN S K, ZHAN X B, et al., 2016. Attribution of extreme temperature changes during 1951—2010[J]. Climate Dynamics, 46: 1769-1782.

KJELLSTRM E, BORRING L, JACOB D, et al., 2007. Modelling daily temperature extremes: Recent climate and future changes over Europe[J]. Climate Change, 81: 249-265.

LI C J, CHAI Y Q, YANG L S, et al., 2016. Spatio-temporal distribution of flood disasters and analysis of influencing factors in Africa[J]. Natural Hazards, 82: 721-731.

LI L, CHAKRABORTY P, 2020. Slower decay of landfalling hurricanes in a warming world[J]. Nature, 587(33): 230-234.

MIZUTA R, UCHIYAMA T, KAMIGUCHI K, et al., 2005. Changes in extremes indices over Japan due to global warming projected by a global 20-km-mesh atmospheric model[J]. Sola, 1: 153-156.

Moon S, Ha K J, 2020. Future changes in monsoon duration and precipitation using CMIP6[J]. Clim Atmos Science, 3: 45.

PALMER T N, BUIZZA R, MOLTENI F, et al., 1994. Singular vectors and the predictability of weather and climate[J]. Physical and Engineering Sciences, 348(1688): 459-475.

PARK T, HASHIMOTO H, WANG W, et al., 2023. What does global land climate look like at 2℃ warming? [J]Earth's Future, 11: 3330.

PASSOW C, DONNER R V, 2019. A rigorous statistical assessment of recent trends in intensity of heavy precipitation over Germany[J]. Frontiers in Environmental Science, 7:

143-157.

PRICE J, WARREN R, FORSTENHÄUSLER N, et al., 2022. Quantification of meteorological drought risks between 1.5 ℃ and 4 ℃ of global warming in six countries [J]. Climatic Change, 174: 12.

SADOFF C, MULLER M, 2009. Water management, water security and climate change adaptation: Early impacts and essential responses [M]. Stockholm: Global Water Partnership.

SHAN K Y, YU X P. Interdecadal variability of tropical cyclone genesis frequency in western North Pacific and South Pacific Ocean basins[J]. Environmental Research Letters, 2020, 15: 64-69.

SHI X, CHEN Z, WANG H, et al., 2015. Convolutional LSTM network: A machine learning approach for precipitation nowcasting [J]. Advances in Neural Information Processing Systems, 28: 1031-1045.

SHI Y, GAO X, ZHANG D, et al., 2011. Climate change over the Yarlung Zangbo-brahmaputra River Basin in the 21st century as simulated by a high resolution regional climate model[J]. Quaternary International: 159-168.

SHIN H C, ROTH H R, GAO M, et al., 2016. Deep convolutional neural networks for computer-aided detection: CNN architectures, dataset characteristics and transfer learning [J]. IEEE Transactions on Medical Imaging, 35(5): 1285-1298.

SMITH D M, COAUTHORS A, 2013. Real-time multi-model decadal climate predictions[J]. Climate Dynamics, 41: 2875-2888.

WANG Q R, HUANG J, LIU R, et al., 2020. Sequence-based statistical downscaling and its application to hydrologic simulations based on machine learning and big data[J]. Journal of Hydrology, 586: 124875.

WMO, 2022. United in science 2022: Multi-organization high-level compilation of the most recent science related to climate change, impacts and responses[EB/OL]. (2022-9-17). https://public.wmo.int/en/resources/united_in_science.

YE M, NIE J, LIU A, et al., 2021. Multi-year ENSO forecasts using parallel convolutional neural networks with heterogeneous architecture[J]. Frontiers in Marine Science, 19: 1-10.

YI T, CHENG X, PENG P, 2022. Two-stage optimal allocation of charging stations based on spatiotemporal complementarity and demand response: A framework based on MCS and DBPSO[J]. Energy, 239: 1222-1235.

YIN H, SUN Y, 2018. Detection of anthropogenic influence on fixed threshold indices of extreme temperature [J]. Journal of Climate, 31: 6341-6352.

ZHANG X, ADNAN M, BADI W, et al., 2021. Weather and climate extreme events in a changing climate[C]// Climate Change 2021: The Physical Science Basis[R]. Contribution of Working Group I to the Sixth Assessment Report of the Intergovernmental Panel on Climate Change: 1513-1766.

ZHAO Y Z, ZHANG J, LEI L L, 2024. Ensemble sensitivity analysis for the "21·7" Henan extreme rainstorm[J]. Journal of Nanjing University(Natural Sciences), 60(2): 181.

ZHOU T J, CHEN Z M, CHEN X L, et al., 2021. Interpreting IPCC AR6: Future global climate based on projection under scenarios and on near-term information[J]. Advances in Climate Change Research, 17(6): 652-663.